三峡库区紫色砂岩地主要森林类型水文效应研究

李　婧　孟祥军　著

中国财富出版社

图书在版编目（CIP）数据

三峡库区紫色砂岩地主要森林类型水文效应研究／李婧，孟祥军著．—北京：中国财富出版社，2017.5

ISBN 978-7-5047-6466-9

Ⅰ．①三… Ⅱ．①李…②孟… Ⅲ．①三峡水利工程－森林水文效应－研究 Ⅳ．①S715.7

中国版本图书馆 CIP 数据核字（2017）第 108034 号

策划编辑　李彩琴		责任编辑　齐惠民　史义伟			
责任印制　方朋远		责任校对　杨小静		责任发行　王新业	

出版发行	中国财富出版社	
社　　址	北京市丰台区南四环西路 188 号 5 区 20 楼	邮政编码　100070
电　　话	010-52227588 转 2048/2028（发行部）	010-52227588 转 307（总编室）
	010-68589540（读者服务部）	010-52227588 转 305（质检部）
网　　址	http://www.cfpress.com.cn	
经　　销	新华书店	
印　　刷	北京九州迅驰传媒文化有限公司	
书　　号	ISBN 978-7-5047-6466-9/S·0044	
开　　本	710mm×1000mm　1/16	版　次　2017 年 6 月第 1 版
印　　张	9.75	印　次　2017 年 6 月第 1 次印刷
字　　数	183 千字	定　价　39.00 元

前　言

森林水文效应研究是水土保持科学研究的一项重要内容。森林水文效应是指森林对水平衡要素及水文情势的影响。森林的水文效应是通过森林植物、枯枝落叶和森林土壤三个作用层对降水的再分配作用综合体现的，即通过森林植物林冠层、枯落物层和森林土壤层这三个作用层对降水引起的水分输入进行水量分配，来影响森林水文运动过程。对于不同森林类型，由于建群植物种组成及其生物学特性不同，其林分结构、林下枯落物特征和土壤理化性质存在一定差异，水文效应的特点也各不相同。

位于长江上游与中游结合部的三峡库区，是我国 17 个具有全球保护意义的生物多样性关键地区之一。它不仅是长江中下游地区的生态屏障，也是国家重要的生态功能区和生态脆弱区。作为一个以水利枢纽为核心的地理区域，不仅对于支撑南方地区乃至全国的供水供电作用巨大，对于宏观区域良好生态环境的维护意义也非常深远。三峡库区是国家重要的生态功能区和生态脆弱区，林草面积约占库区总面积的 51%，森林植被类型多样。由于建群植物种组成及其生物学特性不同，三峡库区不同森林类型的林分结构、林下枯落物特征、土壤理化性质和水文效应存在一定差异。

水利部水土保持植物开发管理中心李婧博士和北京水保生态工程咨询有限公司孟祥军高级工程师以重庆市四面山主要森林类型为研究对象，采取野外试验与室内实验相结合、数据实测与模型模拟相结合、定点试验与实时监测相结合、生物学特性与数学分析相结合的方法，对三峡库区分布较广的紫色砂岩地区常绿阔叶林、暖性针叶林、常绿阔叶 + 落叶阔叶混交林、落叶阔叶林四种主要森林类型林冠层水文效应、枯落物层水文效应、土壤层水文效应进行了研究，构建评价指标体系，采用主成分分析法对三峡库区主要森林类型的水文效应进行综合评价分析，并基于试验研究，合作完成了这部专著。全书共七章，第一章至第四章共10.2万字，由李婧完成，第五章至第七章共8.1万字，由孟祥军完成。

本研究成果对于保护和营建三峡库区森林生态系统，最大限度地发挥其水文生态功能；防控水土流失，减轻泥沙入库危害，延长水库使用寿命；调控径流，削洪增枯，保障三峡水利枢纽安全高效运行，建设和谐三峡经济社会具有重要的参考价值和实践意义。

北京林业大学张洪江教授从研究方案制订、基础数据采集、成果提炼分析等方面都给予悉心指导，在此表示最诚挚的感谢！

作　者

2017 年 2 月 25 日

目　录

第一章　研究提要 ………………………………………………… 1

　第一节　森林水文效应研究现状 ……………………………… 2

　第二节　研究内容与方法 ……………………………………… 15

第二章　研究区基本情况 ………………………………………… 20

　第一节　三峡库区基本情况 …………………………………… 20

　第二节　试验区基本情况 ……………………………………… 22

第三章　森林林冠层水文效应研究 ……………………………… 26

　第一节　试验及研究方法 ……………………………………… 26

　第二节　森林林冠最大容水量 ………………………………… 37

　第三节　森林林冠截留量 ……………………………………… 42

　第四节　森林林冠截留率 ……………………………………… 47

　第五节　林冠对降雨动能消减能力分析 ……………………… 52

第四章　林下枯落物层水文效应研究 …………………………… 58

　第一节　试验及研究方法 ……………………………………… 58

　第二节　林下枯落物储量及其分解特性 ……………………… 60

　第三节　林下枯落物持水特性 ………………………………… 63

第五章　森林土壤层水文效应研究 ·· 72

　　第一节　试验及研究方法 ··· 72

　　第二节　土壤水分特征曲线及影响因素 ······················· 80

　　第三节　森林土壤持水能力 ··· 101

　　第四节　森林土壤渗水能力 ··· 106

第六章　主要森林类型水文效应评价 ······························· 113

　　第一节　评价指标体系构建 ··· 113

　　第二节　基于主成分分析的综合评价值计算方法 ············ 116

　　第三节　森林水文效应综合评价与分析 ························· 119

第七章　结论与建议 ·· 125

　　第一节　结论 ·· 125

　　第二节　讨论 ·· 128

参考文献 ··· 129

第一章　研究提要

　　三峡库区涉及重庆市中部和湖北省西部 25 个区县，是长江上游水土流失最为严重的地区之一。2007 年《中国水土保持公报》指出，库区水土流失面积 2.81 万 km²，占土地总面积的 48.5%；中度流失和强烈流失面积之和约占库区水土流失总面积的 64%；年均土壤侵蚀总量约为 1.99 亿 t，平均土壤侵蚀模数 2900t/km²·a。大量的水土流失加速了库区泥沙淤积，加剧了面源污染，严重影响到三峡工程效益的正常发挥。

　　森林水文效应是指森林对水平衡要素及水文情势的影响。森林的水文效应是通过森林植物、枯枝落叶和森林土壤这三个作用层对降水的再分配作用综合体现的，即通过森林植物林冠层、枯落物层和森林土壤层这三个作用层对降水引起的水分输入进行水量分配，来影响森林水文运动过程。对于不同类型的森林，由于建群植物种组成及其生物学特性不同，其林分结构、林下枯落物特征和土壤理化性质存在一定差异，水文效应的特点也各不相同。三峡库区水文效应研究能够为库区的水质、水量在水多、水少、水脏、水混等情况下的研究及解决提供技术支持，对于库区水文过程调控、生态环境改善、发挥生态功能区作用等方面具有重要的理论指导和社会实践意义。

　　良好的森林水文效应能够改善径流过程、改善水质、增强水源涵养能力、加大流域供水能力以及提高区域洪水防控能力。一方面，林冠层、枯落物层的截留作用可改变降水的时空分布，影响地表径流的形成，相对延长汇流历时，在一定程度上起到削减洪峰的作用。另一方面，森林土壤孔隙具有较强的重力水蓄持能力，蓄持水分可在枯水季补给河川，增加枯水径流，起到一定的径流调节作用。另外，森林还具有土壤保持、净化水质等功能。

三峡库区地处我国西南山区，该地区热量丰富，雨量充沛。三峡库区土地总面积为 57840km²，耕地面积为 15154km²（其中基本农田 6440km²，坡耕地 8714km²），约占土地总面积的 26.2%；林地面积为 28515km²，约占土地总面积的 49.3%；草地面积为 1504km²，约占土地总面积的 2.6%；居民及工矿用地面积为 5610km²，约占土地总面积的 9.7%；荒山荒坡面积为 3355km²，约占土地总面积的 5.8%；水域、交通用地和难利用地面积共计 3702km²，约占土地总面积的 6.4%。三峡库区现有林地中，有林地面积为 13841.4km²，占林地面积的 41.0%；疏幼林地面积为 10863.2km²，占林地面积为 32.1%；灌木林面积为 6483.8km²，占林地面积的 19.2%；经果林面积为 2609.2km²，占林地面积的 7.7%。占地 74.0% 的山地、21.7% 的丘陵上覆被良好，森林覆盖率为 22.1%。因此，从土地利用类型方面出发，三峡库区林地水文过程及其水文效应对三峡库区整体的水文过程有较大影响。

四面山处于渝、黔、川交界地带，位于长江上游、三峡库区尾端，是典型的紫色砂岩地区。这一区域的森林虽然在经济社会发展中遭到过较为严重的人为活动干扰，但也有小面积的原始森林保存了下来，大部分地段也恢复成为很好的次生林地，还有部分地段经抚育成为人工林地，其森林覆盖率高达 95.41%，成为具有代表性的典型三峡库区森林。四面山主要森林类型水文效应研究对维护三峡库区良好生态环境起着举足轻重的作用。以四面山主要森林类型为研究对象，研究紫色砂岩地区不同森林类型的水文效应，对于保护和营建三峡库区森林生态系统，最大限度地发挥其水文生态功能；防控水土流失，减轻泥沙入库危害，延长水库使用寿命；调控径流，削洪增枯，保障三峡水利枢纽安全高效运行，建设和谐三峡经济社会具有重要的参考价值和实践意义。

第一节　森林水文效应研究现状

人们对于森林及其各层次水文效应的认识可以追溯到很远的历史。世界各国对森林水文的研究重点因各国具体情况不同而存在差异。普遍来看，欧美国家的研究开展较早，而且都较为系统，不仅着眼于定性研究，而且注重定量研究，在研究方法上也较为先进。此外，许多国家还注意了研究的长期性和持续性，记录了几十年甚至上百年的观测数据（张建列，1988）。相对国外而言，国内相关研究起步较晚，从已取得的研究成果来看，定性的较多，定量的较少，典型区域研究得多，按流域进行综合研究得少（苏宁虎，1984）。

一、森林林冠层水文效应

林冠层是森林水分传输过程的开始，是降雨过程中水分运动再分配的第一个环节。林冠截留作为对输入森林生态系统的水分进行水文调节的起点，历来是森林水文研究的热点，在这方面国内外的研究资料和成果都较为丰富（王金叶，2008）。

（一）国外研究现状

国外系统开展林冠截留相关研究的时间较早［博世等（Bosch et al.），1982］。林冠截留在降水中占有相当比重，截留量的多少与树种的林冠特点和气象条件关系密切，主要影响因素包括建群植物种、森林结构、林龄、蓄积量、季节等（中野秀章，1983）。国外学者总体研究表明森林降雨截留占降雨总量的10%～20%［巴特尔等（Buttle et al.），2000］，在某些地区可达到50%［考尔德等（Calder et al.），1996］。热带和亚热带地区，林冠截留率一般在9%～26%［克罗克福德等（Croekford et al.），1996，2000］。温带及寒带树木的截留量与热带又有所不同，一般温带及寒温带地区的林冠截留率大于热带。其中，温带针叶林的林冠截留量占年降水量的20%～40%［鲁特（Rutter），1971；加什（Gash），1991］；针叶林的林冠截留率变化为20%～40%［加什等（Gash et al.），1978］，并具有明显的季节变化性。印度的辛格（R. P. Singh，1093）发现，35年生雪松（Ce – drusdeo – dara）的截留损失为降水的25.2%，降雨量最大的7月林冠截留损失为18.7%，在降雨量最小的2月林冠截留损失为69.1%，这说明旱季的截留损失大于雨季。澳大利亚的斯科菲尔德（N. J. Schofield）试验测定表明，桉树的截留损失占总降水的9%～16%；普雷布尔等（R. E. Prebble et al.）测得银叶铁皮树（E. melanophloria）的截留损失为11%。匈牙利的夫偌（E. Fuhrer, 1981）对林龄分别为105年和78年的两片森林进行了截留量对比观测，经测定，截留量分别占降水的25%和23%，其中生长季节占29%和19%，其他季节占21%和30%。加拿大的学者研究发现，冷杉林（Abies-fabri Craib）的截留率为15.1%～38.6%，并发现截留量随着落叶的增加而减少，随着覆盖率的增加而增加［普拉孟登等（A. P. Plamondon et al.）］。为了确定截留与叶面积之间的定量关系，美国的卓沐堡（J. M. Tromble, 1983）采用人工降雨方式对44株拉瑞阿灌木（Larrea tridentata）进行测定，测得平均每平方厘米叶面积可截水0.54g；林冠密度达到30%时，截留量为22%；降雨量小于5mm时，雨水可几乎全被截留，这说明截留量与叶面积的大小息息相关。其次是枝干数，Rutter（1975）研究表明，树干截留量的比例非常小，通常仅占到降雨量的0.3%～3.8%，在水量平衡计算中树干截留量可以忽略不计。

　　国外多采用模型法对森林林冠截留开展定量研究。目前应用较为广泛，且被普遍认为较为完善的模型有两个，一个是Rutter模型（Rutter et al., 1971, 1975），另一个是Gash解析模型（Gash et al., 1979, 1980, 1995）。Rutter模型的理论依据为森林林冠水量平衡，计算原理为森林林冠水量平衡动态方程。Gash解析模型是Rutter模型的进一步发展，该模型将林冠对降雨的截留分为湿润期、饱和期、脱湿期三个阶段，根据湿润期林冠从降雨发生到饱和，脱湿期从降雨结束到林冠恢复自然持水情况，以及饱和期林冠的截留及持水特性，采用线性回归对Rutter模型的概念结构进行了简化。Rutter模型和Gash解析模型相对更适用于模拟密闭林分林冠截留，瓦伦特等（Valente et al., 1997）根据区域森林及气候情况对这两种模型进行了参数修正，模拟了稀疏林分林冠的降雨截留过程，取得了较好的效果。为增强区域适用性，挪威的蕙兰和安德森（Whelan and Anderson, 1996）在Rutter模型中耦合一定林冠截留的空间变化参数，形成了一个新的模型，应用此模型模拟了人工云杉林林冠截留，对于林外降雨、穿透降雨的实测计算也取得了不错的成果。

（二）国内研究现状

国内在林冠截留方面的研究起步较晚，多始自 20 世纪 80 年代。经对我国不同气候类型区森林林冠截留综合分析，结果表明，气候类型区不同，森林植物的生物学特性也不相同，其林冠截流效应相应地存在较大差异。森林林冠截流量一般为 134.0 ～ 626.7mm；林冠截留率一般为 11.4% ～ 34.3%，平均值为 19.85%，变幅一般为 ±7.16%，以亚热带西部高山针叶林最大，亚热带山地常绿落叶阔叶混交林最小。森林林冠截留效应除与建群植物种的生物学特性、林木冠幅及形状、枝叶形状及吸水能力等有关外（孔繁智等，1990；孙立达等，1995；王礼先等，1998），还与降水特性、风速、风向等有密切关系（马雪华，1987；王兵等，1997，2002；余新晓等，2001）。

森林的建群植物种不同，其生物学特性也存在较大差异，这影响到枝叶的吸水率，进而对林冠的截流量产生显著影响。刘向东等（1989）的研究结果表明，辽东栎（Quercus liaotungensis）枝叶的吸水率一般为 22.5% ～ 28.8%，截留率一般为 23.7%；白桦林（Betula platyphylla）和山杨（Populus davidiana）枝叶的吸水率一般为 17.0% ～ 23.4%，截留率一般为 16.2% ～ 21.0%。刘文耀等对云南中部山地森林的研究（1991）也表明，同一地区不同林地的林冠截留效应因森林类型不同而存在差异。常绿阔叶林林冠截留率一般为 11.9% ～ 28.8%，针叶林以云南松（Pnus yunnanensis）为例，林冠截留率为 10.3% ～ 22.9%。就林冠截留量与降水特征之间的关系，一些学者经过对比研究认为（刘曙光等，1988；周晓峰等，2001；王彦辉，2001），降水量与林冠截留量呈正相关关系，降水量越大，则林冠截留量也随之增大，但当趋近饱和截留量时，截留率增长速度随之减缓；林冠截流效应与雨强呈负相关关系，雨强越小，截留率越高。

对于林冠截留的定量研究，国内多根据水量平衡原理，采用林外、林内降雨量实地测量，应用水量平衡方程进行计算（张志强、王礼先，2004）。方程式为 $P = P' + I + G$，式中，P 为林外大气降水量（mm），P' 为林内穿透降水量（mm）；I 为林冠截留雨量（mm）；G 为干流量（mm）。若将干流量视为林冠穿透雨量，则上式可简化为 $P = P' + I$。

国内较为规范的试验研究方法主要为水利行业标准《水土保持试验规程》（SL 419—2007，替代 SD 239—87），该标准自 1987 年就经颁布，于 2007 年经修订发布。该标准规定了乔木林冠截留降水量的测定方法。即在另外设置雨量计或在林内树干，利用滑轮升降雨量筒观测大气净降雨量；在林内设置雨量筒，观测树下穿透降雨量，利用截引办法测量沿树干下流降雨量。大气净降雨量减去林下穿透雨量和干流雨量，即为林冠截留降雨量，具体计算式如下：

$$M = \frac{H_1 + H_2 + \cdots + H_n}{n} - \left(\frac{h_1 + h_2 + \cdots + h_n}{n} + \alpha \frac{q_1 + q_2 + \cdots + q_n}{w_1 + w_2 + \cdots + w_n} \right)$$

$$(1 - 1)$$

式中，M——林冠截留降雨量，mm；

H_1，H_2，$\cdots$，H_n——林冠上各雨量筒测得的雨量，mm；

h_1，h_2，$\cdots$，h_n——林下各雨量筒测得的雨量，mm；

w_1，w_2，$\cdots$，w_n——林冠投影面积，mm^2；

q_1，q_2，$\cdots$，q_n——沿树干下流的干流水量，cm^3；

α——单位换算系数，一般取值 10^{-3}。

沿树干下流的降雨量又称为树干干流量，一般利用截引法测量（张洪江，2011；王丙超，2007）。一些专家学者通过试验认为（蒋俊明，2007；王艳红，2008；夏体渊，2009），林木干流量与穿透雨量相比相对较少，一般仅占林外大气净降雨量的 0.003% ~ 0.379%，相对可以忽略不计。

二、森林枯落物层水文效应

森林枯落物是指覆盖在林地土壤表面的新鲜、半分解的植物凋落物［凯利赫（Kelliher F M.），1998，2003］、动物粪便以及残体等，它是森林植物地上部分各器官枯死、脱落物的总称［沙普（Schaap M G.），1997；马琳（Marin C T.），2000；小衫町（Kosugi K.），2001］。从整个林相的剖面看，枯落物是除林冠层、下木和层外植物之外，大气与土壤、植物根系间进行物质与能量交换的另一个介质。它的存在是森林土壤与其他各类土壤在剖面形态上相区别的标志之一。在影响森林水文效应、林地土壤的水热状况、通气状况、林地生物种群的类型及数量等方面，以及在整个土壤—植物—大气连续系统中，森林枯落物层均起着重要的作用。

（一）国外研究现状

一个多世纪以前，巴乌尔（Bayp，1869）就曾对枯落物持水量问题进行过研究，但由于他所掌握的资料有限，就影响水文状况方面，因枯落物的多样性和厚度不同，未能得出概括性的结论。爱伯梅耶（Ebermeyer，1869—1878）对枯落物的水文性质进行过较为详细的研究，并就枯落物水文作用与有关各种条件的作用机理做了分析。

桑茨基（Sants，1939）为测定枯落物的持水能力，在测定方法上做了有意义的改进。他首先测定了枯落物的含水率，然后将枯落物分别经过 10min 降雨和放入水中浸泡 20～40h，再测定其水分含量。枯落物样品是由锯齿状的钢制圆柱体截取采集的，其直径为 206mm，高为 80mm，在称重和加工之前，用清水洗去其上附着的土。基于上述试验，他得出结论：阔叶凋落物在夏初通常来得及分解，所以不论在短期降雨后，还是浸泡后，吸水能力都较弱；含有大量针叶的枯落物层，在短期降雨和长期浸泡过程中吸水较少；绿色苔藓覆盖物在短期浸泡后，具有很高的吸水能力。莫尔察诺夫（Молчанов，1960）则在桑茨基使用方法基础上，又做了进一步的完善。他把枯落物装在有网底的金属框中，放在打入土壤的铁板上，通过枯落物的水分经铁板流入特质的容器，同时，把整块枯落物连同金属网于每天早、晚及雨后称重，以计算持水量和降水的渗透量。另外，还测定枯落物表面水分的凝结量和蒸发量，以分析枯落物层内需水量在整个季节的变化特征。他得出结论：苔藓和枯落物越干、越厚，吸收的大气降水就越多；枯落物比苔藓、禾本科植物的截留能力要强得多。海尔维（Helvey，1967）报道，美国五针松在林龄 10～60 年内，林下枯落物的截留量，随树龄的增加而增加 2%～4%。

拉耶夫（Rayev，1978）提出了森林枯落物层的水量平衡方程：

$P = W + F + I$，式中，P 为降水量，W 为枯落物持水量，F 为地表径流量，I 为降雨强度每小时为 60mm·h^{-1} 的渗透水量。与此同时，拉耶夫经过研究得出结论，随着林龄从 10a 增加到 130a，渗透水量则从 32.6mm 增加到 54.4mm。彼斯梅诺夫等（Pacemaynove，1979）详细地研究了生长在同一土壤类型范围内不同林型下的枯落物层和土壤的水分物理性质，确定了随植物群落组成不同而使土壤水分物理性质变化的因素。他们得出结论：①在不同组成的林分中，土壤透水性的差异是由枯落物层和土壤表层土壤的枯落物作用层的水分物理性质决定的。这些性质随森林枯落物层的厚度、密度、孔隙度以及表层土壤密度的变化而相应发生较大的变化。②郁闭云杉林的特点，是具有最大的恶化土壤水分物理性质和降低透水性的趋势。在这种林分下，形成了紧密的枯落物层，并使其变得更为紧实。③在白桦云杉幼林中，枯落物层还没有形成，但其作用由具有很高持水性的草本、苔藓的碎屑来完成。幼龄林表层土壤具有很高的透水性。20 世纪 80 年代后，国外专家学者对森林枯落物层水文效应的研究除降水截留外，多集中于枯枝落叶层吸水水分的蒸发上。有科研工作者采用土壤测渗仪实测了枯枝落叶层的水分蒸发过程及蒸发量，并采用 Penman - Monteith 方程模拟了蒸发速率，沙普和诺顿（Schaap and Nouten，1997）对两种方法所获得的结果进行了对比研究，结果表明森林林下枯落物层吸持水分的蒸发量一般占到林地总蒸发量的 3%～21%。

（二）国内研究现状

中国台湾学者陶玉田（1973），在其所著《林学通论》中阐述，根据各国学者多年的调查研究，雨水降落林地为地被物吸收蓄存者占 25%。而理查德·李（Richard Lee，1980）在总结枯落物的水分特性时指出，枯落物对水分的贮存能力，在机理上是可以与林冠相比较的，枯落物对降水的截留量一般每年不超过 50mm，为年降水量的 1%～5%。

刘世荣等（1996）经过详细的总结指出，我国地域十分辽阔，各地森林类型差异较大，其枯落物层的持水特性也存在很大不同。但综合来看，全国范围内最大持水量一般为枯枝落叶自身重量的 200%～500%，最大持水深多在 0.70 ~ 7.12mm。

雷瑞德（1984）提出，枯落物层对水分的蓄持能力是显著的，通常生长良好森林林下枯落物层厚度为 8 ~ 10cm，其对降水的截留率一般在 5% ~ 10%，其最大蓄水能力一般在 20 ~ 30mm 幅度范围内。吴钦孝等（1998）研究表明，森林林下枯落物层覆盖于林下地表，其不仅具备截留降水的水文效应，还具有防护地表土壤免受降水直接侵蚀、延长汇流历时、促进土壤水分入渗的作用。枯落物层的水文特征与枯落物组成、数量及分解速度等因素有关，不同林地的植物组成、生物学特性、林分发育、林分水平及垂直结构等对枯落物的性质均有很大影响，因此不同林地其枯落物的质和量具有明显差异，其持水性也不尽相同。关于枯落物对降雨的截留过程，马雪华（1982）曾用底面积为 500cm^2，高为 10cm，有网底的圆形筒，内装枯落物进行透水试验。结果表明，在降雨初期，随降雨量增加，截留量也增加，当截留量达到最大值时，降雨量再增加，截留量反呈下降趋势。王佑明等（1982）在研究刺槐林地枯枝落叶层水文效应时得出结论：枯落物量越多，持水量越多，但持水量增加的倍数并不与枯落物量增加的倍数成正比；坡度越大，枯落物的持水力越小。

森林林下枯落物层不仅具备截留降水的水文效应，还对林地土壤水分渗透、保持水土能力有着显著的影响。陈步锋等（1998）对热带雨林山地 70cm 深土壤的渗透能力进行了研究，该类地区雨量充沛，枯落物丰富、腐烂分解快。在降水量低于 30mm 情况下，降水被土壤全部吸持；降水量为 30 ~ 50mm 的情况下，有 25.0% 的降水发生渗漏，58.5% 的降水被土壤吸持；降水量为 50 ~ 100mm 的情况下，有 36.5% ~ 56.3% 的降水发生渗漏，45.0% ~ 32.8% 的降水被土壤滞留储存。周鸿歧（1982）在辽宁西部进行的森林水土保持效益研究中，对有枯落物覆盖及无覆盖条件下的径流速度、径流量进行了比较测定。研究结果表明：在坡度相同时，有覆盖与无覆盖相比，径流量、径流速度差异显著；当坡度为 15°时，降雨强度接近时，有油松、落叶松混交林枯落物覆盖（3cm 厚）的试验区，流速为对照区的 9.6%，有油松纯林枯落物（1cm 厚）覆盖时，流速为对照区的 30%；油松林地枯落物层的截留率达 22.2%。

目前,国内枯落物层水文特征的研究,已经有了较大发展,但就枯落物最大持水量、持水率等持水性能的研究,主要还是采用传统的室内泡水方法。这些研究虽然部分地反映了枯落物层调蓄降雨的能力,但在一定程度上还不能客观地反映某一特定时间某一特定降雨事件下枯落物层持水能力的大小。

三、森林土壤层水文效应

森林土壤层的水文效应主要体现在储水能力和水分渗透能力上,土壤层的水分入渗速率和水分蓄持能力是决定森林植被保水保土的重要因素,它们随土壤的物理及化学性质、前期含水量、降雨历时及强度等的差异而变化。通过测定土壤水分特征曲线,可了解不同林地林下土壤的持水性、供水性及水分有效性。

(一)国外研究现状

森林植物的根系不仅庞大而且密集,可有效改善土壤结构、促进重力水入渗、加速土壤水向根系运动,使得森林土壤水分入渗率相对其他土地类型要高很多。邓恩(Dunne, 1991)对成熟森林林下土壤的稳定入渗率进行了研究报道,可高达8.0cm/h以上。1980年10月至1981年4月,西德的弗卢杰尔(W. A. Flugel, 1983)等人用自行式喷水装置模拟降雨测定土壤水分、地表径流和地下径流,结果表明,地表和地下径流占喷水量的50%,其余水分的一部分形成了土壤蓄水。森林林下土壤层不仅具有蓄存水分的功能,也具有涵养水源的重要作用。森林土壤层是森林水文过程中贮存水分的载体,土壤水分贮存量和贮存方式都在很大程度上受其物理性质影响[兹维恩克(Zwieniecki),1996]。土壤层水分贮存能力与土壤质地、孔隙度状况、有机质含量等物理化学性质密切相关。另外,土壤重力水移动的主要通道为土壤的非毛管孔隙,不同林地土壤的非毛管孔隙不同,其储水能力的差异也就较大。土壤层水文作用的发生以及渗透量的多少取决于土壤水分的饱和度与补给状况,所以森林植物的类型和土壤类型决定着土壤的渗透性能,森林类型的变化对土壤渗透性能的影响是森林水文特征的重要反映［菲利普（Philip），1991］。

土壤水分特征曲线是土壤基本水力特性的重要指标，其主要反映了土壤水吸力（基质势）与土壤含水量之间的关系。国内外许多研究人员投入大量精力对土壤水分特征曲线进行研究。通常采用试验的方法直接来测定不同水吸力或基质势下的土壤含水量，主要方法有张力计法、压力膜仪法、砂芯漏斗法、平衡水汽压法等。土壤水分特征曲线与土壤本身的性质密切相关，土壤质地、结构、密度、有机质、团聚体含量等土壤理化性质的改变，会对土壤水分特征产生影响［希勒尔（Hillel），1998］。为了对土壤水分的保持和运动进行定量的研究，一些国外学者［布鲁克斯和科里（Brooks and Corey），1964；维瑟（Visser），1966；加德纳（Gardner），1970；坎贝尔（Campbell），1974；纽兰（Mualem），1976；维珍彻腾（Van Genuchten），1980］提出了许多经验模型来描述土壤水含量与水吸力或基质势的关系。

（二）国内研究现状

何东宁（1991）综合我国相关研究成果提出，土壤渗透能力的高低通常与土壤自身的非毛管孔隙度呈显著正相关关系，森林林下林地土壤的孔隙度较大，特别是非毛管孔隙度的比例，这有效促进了林地土壤的就地入渗，并加大了入渗率和入渗量。林地贮水特性可被看作森林水源涵养作用的一项重要衡量内容，国内一般通过林地土壤的非毛管孔隙饱和含水量来表征。据何东宁等研究（1991），就每公顷森林来说，其土壤可以蓄水 641～678t。钟祥浩（2001）对四川盆地西北中山暗针叶林区研究结果表明，该地区土壤厚度一般为 1.0～5.0m，土壤的非毛管孔隙度通常占总孔隙度的 10%～25%，土壤的最大蓄水能力可以达到 2500t/hm^2。刘世荣等（1996）研究结果表明，对于热带、亚热带森林来讲，阔叶林林地土壤的孔隙度发育较好，蓄水能力强，非毛管蓄水量一般在 100mm 以上；对于寒温带、温带山地针叶林和温带山地落叶阔叶林来讲，其非毛管孔隙蓄水量较低，多在 100mm 以下。

森林植物群落可明显改善土壤理化性质，因而对土壤水分特征也具有一定影响。土壤基质借颗粒表面的吸附与孔隙的毛管作用而吸持水分，土壤水分的基本特征主要通过土壤含水量和土壤水吸力或基质势之间的相关性来表达（姚其华等，1992），通常采用土壤水分特征曲线来表示这种关系。利用土壤水分特征曲线，我国学者对森林土壤的持水性、供水性以及土壤水的有效性进行了分析，其中土壤质地对水分特征影响最为明显（李小刚，1994；张洪江等，2006）。在低吸力范围（0～0.1Mpa）内，土壤水的保持受土壤结构和孔径分布的影响非常大，在高吸力范围（大于0.1Mpa）内，土壤水的保持主要是由于土粒吸附作用，它与土壤的表面、质地及土壤胶体密切相关（Hillel，1998）。森林植物的不同会导致土壤孔隙状况和水分特性的差异，植物根系生长以及人为活动干扰改变了森林土壤的理化性质，从而影响森林土壤的水分特征（马爱生等，2005；杨金楼，1982；张强等，2004；李小刚等，1994）。同一植被类型表层土的持水性和供水性要优于底层土，天然林和人工林均优于弃耕地（窦建德等，2006）。由于土壤水分特征受土壤本身性质的影响比较大，因此在不同区域不同植物条件下所得到的研究结果有所差异。土壤水分入渗过程所涉及的初渗速率、稳渗速率、平均入渗速率及入渗时间等参数，体现了森林土壤的水文特征（王伟等，2008）。土壤水分入渗性能显著影响地表产流量，也直接影响到林地土壤的侵蚀状况。入渗性能越好，地表径流产量就会越少，土壤的流失量也会相应减少（刘汗，2006）。

国内研究多采用 Philp 模型对林地土壤水分入渗过程进行模拟（陈利华等，1995；孙立达、朱金兆，1995；吴长文，1994）。近年来，一些学者（杨金楼，1982；张景略等，1985；王季槐等，1987）在总结我国森林土壤层水文特征及研究方法的基础上，提出了一些针对我国特定区域的持水模型，如Brooks－Corey 模型、Gardner 模型以及 Van Genuchten 模型等，用来研究森林土壤的水分特征。

四、森林水文效应综合评价方法

随着对森林的水文效应的深入研究，国内外许多学者提出了总结影响因子、构建指标体系，对森林的水文效应进行综合评价的思路，并开展了许多探索性研究。

（一）国外研究现状

常见综合评价方法多始自国外，主要有主成分分析法、层次分析法、模糊评价法、灰色系统评价法、数据包络分析法和灵敏度分析法等。

（1）主成分分析法

主成分分析是多元统计分析的一个分支。20世纪30年代，由于费舍尔（Fisher）、特林（Hotelling）、罗伊（Roy）及许宝禄等的一系列奠基性工作，使得多元统计分析成为应用数学的一个重要分支。主成分分析先是由卡尔（Karl）和皮尔森（Pearson）应用于非随机向量，而后特林（Hotelling）将之推广到了随机向量。主成分分析法是将与其分量相关的原随机向量，借助于一个正交变换，转化成与其分量不相关的新随机向量，并以方差作为信息量的测度，对新随机向量进行降维处理，再通过构造适当的价值函数，进一步把低维系统转化成一维系统。

（2）层次分析法

层次分析法是由美国运筹学家、匹兹堡大学教授萨蒂（T. L. Saaty，1977）提出的。该方法是定量分析与定性分析相结合的多目标决策分析方法，把数学处理与人的经验和主观判断相结合，能够有效地分析目标准则体系层次间的非序列关系，有效地综合测度评价决策者的判断和比较。层次分析法的基本特征，其一是要有一个属性集的层次结构模型，它是层次分析法赖以建立的基础；其二是针对上一层某个准则，把下一层与之相关的各个独立因素，通过对比，按重要性等级赋值，从而完成从定性分析到定量分析的过渡。

（3）模糊评价法

模糊评价法奠基于模糊数学，模糊数学是描述、研究、处理具有模糊特征（模糊概念）事物的数学。扎德（Zadeh）提出隶属函数（Membership Function）来描述模糊概念，创立了模糊集论，为模糊数学奠定了基础。他还提出了著名的复杂性与精确性的"不相容原理"，即随着系统复杂性的增加，对其特性做出精确而有意义的描述的能力会随之降低，直至达到一个阈值，一旦超过它，精确和有意义二者将会相互排斥。采用模糊评价法不仅可对评价对象按综合分值的大小进行评价和排序，而且还可根据模糊评价集上的值按最大隶属度原则去评定对象所属的等级。

（4）灰色系统评价法

灰色系统理论是研究解决灰色系统分析、建模、预测、决策和控制的理论，它把一般系统论、信息论、控制论的观点和方法延伸到社会、经济、生态等抽象系统，运用数学方法，发展了一套解决信息不完备系统（灰色系统）的理论和方法。灰色系统是通过处理灰元使系统从结构上、模型上、关系上由灰变白，不断加深对系统的认识，获取更多的有效信息。

（5）数据包络分析法（Data Envelopment Analysis，DEA）

1978 年，美国著名运筹学家查恩斯（A. Charnes）等以相对效率概念为基础，以凸分析和数学规划为工具，创建了一个以他们的名字命名的 DEA 模型——C^2R 模型。20 世纪 80 年代至 90 年代，又相继提出了诸如 $C^2 - GS^2$ 模型、FG 模型、ST 模型、C^2WH 模型和带 AHP 约束锥模型等多个 DEA 模型。DEA 法不仅可对同一类型各决策单元的相对有效性做出评价与排序，而且还可进一步分析各决策单元非 DEA 有效的原因及其改进方向，从而为决策者提供重要的管理决策信息。

（6）灵敏度分析法

在多属性综合评价中，通常需要知道评价结果的稳定性，也就是需要知道决策信息的变化对方案排序结果的影响程度。若属性值的灵敏度高，则方案排序结果不稳定；反之，若灵敏度低，则结果稳定。可以说关于多属性评价的灵敏度分析一直受到国外学者的关注。早期的研究主要集中在某一属性权重的变化对方案排序结果的影响程度。同时，菲什伯恩（Fishburn，1965）、斯塔尔（Starr，1966）和埃文斯（Evans，1984）等分别研究了方案排序保持不变情况下属性权重的最大变化区域问题。

（二）国内研究现状

随着森林水文效应相关研究的深入开展，许多学者提出了水土保持功能评价的综合性指标体系。张洪江等（2010）对西南土石山区林地水土保持及水文生态功能进行了综合分析评价。在黄土高原区,吴钦孝(1992)选择群落盖度、枯落物厚度、流域植被覆盖度作为森林植被水土保持功能评价指标;刘启慎等(1994)研究太行山低山丘陵区时,选取了土壤冲刷量及其所需时间、冲动枯落物的量及临界流量、枯落物的减流速度和不同植被根系的重量和须根数量作为评价指标;赵鸿雁等(1995)综合考虑了根量、郁闭度、枯落物厚度;曾思齐和佘济云(1996)综合考虑了马尾松林的乔木、灌木草本及枯落物的生物量;慕长龙(1997)采用层次分析法确定权重,模糊数学方法确定各指标的得分值来评价森林涵养水源的能力,提出一套定性与定量相结合的评价森林涵养水源能力的指标体系,通过贯垭小流域定位观测材料的实际计算得出,水源涵养能力由强到弱依次为桤柏混交林、荒坡地、纯柏木林、农耕地,与实际情况相符。国内学者也在灵敏度分析应用方面做了一些研究,在小流域防护林效益评价(廖显春,1998)和投资环境评价(李星明,2007)等方面做了尝试。

王晓慧(1998)等采用层次分析法建立了一套完整反映北京市大兴永定河沙地治理中经济发展、社会进步和生态环境改善的效益评价指标体系,采用多层次模糊综合评价方法进行了评价。冉圣宏等(2002)在对脆弱生态区重新界定的基础上,以模糊评价理论对脆弱生态区的现状,以灰色预测和趋势函数法对脆弱生态区的发展趋势,以非线性理论对脆弱生态区的稳定性进行评价,将非线性理论应用于稳定性评价中,使得综合评价的结果不仅包含了脆弱生态区更多、更全面的信息,而且使得评价的结果更具有客观性。

第二节　研究内容与方法

重庆四面山主要森林类型包括常绿阔叶林(ever‐green broad‐leaved forest,55.59%)、暖性针叶林(warm coniferous forest,26.64%)、常绿阔叶+落叶阔叶混交林(evergreen and deciduous broad‐leaved mixed forest,6.12%)、落叶阔叶林(deciduous broad‐leaved forest,5.09%)、温性针叶林(temperate coniferous forest，1.21%）、暖性竹林（warm bamboo，0.76%）以及一些其他的森林类型。本书选择分布最为广泛、面积比例最高的 4 种主要森林类型（常绿阔叶林、暖性针叶林、落叶阔叶林、常绿阔叶 + 落叶阔叶混交林）为研究对象，对各森林类型的林冠层、枯落物层、土壤层的森林水文效应进行了对比及综合分析研究，研究成果对于保护和营建三峡库区森林生态系统，最大限度地发挥其水文生态功能具有一定的理论指导意义。

一、研究内容

（1）三峡库区紫色砂岩地主要森林类型林冠层水文效应

以常绿阔叶林、落叶阔叶林、常绿阔叶 + 落叶阔叶混交林及暖性针叶林 4 种森林类型林地为研究对象，对比研究各类型林木的最大容水量、截留量和林冠截留率等林冠层水文特征，分析不同森林类型林冠截留量对气象因子的响应，林冠截留率对降雨和枝叶干燥程度的响应，以及林冠对降雨动能和降雨侵蚀力的消减能力。

（2）三峡库区紫色砂岩地主要森林类型枯落物层水文效应

以常绿阔叶林、落叶阔叶林、常绿阔叶 + 落叶阔叶混交林及暖性针叶林 4 种森林类型林下枯落物为研究对象，对比研究各林地林下枯落物的储量及其分解特性，探讨各类型森林枯落物的持水特征及吸水特征，并对枯落物持水过程和吸水速率进行模型模拟。

（3）三峡库区紫色砂岩地主要森林类型土壤层水文效应

对常绿阔叶林、落叶阔叶林、常绿阔叶 + 落叶阔叶混交林及暖性针叶林 4 种森林类型林地土壤层的水文效应进行对比研究，分析三峡库区主要森林类型的土壤水分特征曲线及其影响因素，探讨各森林类型林下土壤层的持水能力、渗水能力，分析土壤饱和导水率的差异及其影响因素，模拟土壤水分入渗过程，提出森林土壤水文功能的评价方法与指标，并结合试验结果进行应用评价。

（4）三峡库区紫色砂岩地主要森林类型水文效应综合评价

根据对三峡库区主要森林类型林冠层、枯落物层及土壤层水文特征因子研究结果，结合地形特性，构建三峡库区主要森林类型水文效应评价指标体系，对所选4种主要森林类型的水文效应进行综合评价。

二、研究方法

研究以经营措施和土壤类型的一致性为前提，并充分考虑母质、海拔、坡向、坡度等自然条件状况，共布设16块10m×10m的乔木样方，样方覆盖了三峡库区四面山地区常见的常绿阔叶林、落叶阔叶林、常绿阔叶＋落叶阔叶混交林及暖性针叶林4种森林类型。各样地地理位置，如图1－1所示。

图1－1　林冠层水文效应试验样地布局

分别在4种森林类型所选标准地内进行同期气象观测、林冠层水文特征测定试验、枯落物水文特征测定试验、剖面土壤水文特征测定试验。

研究主要采取野外试验与室内实验相结合，数据实测与模型模拟相结合，定时试验与实时监测，生物学特性与数学原理分析相结合的方法，对三峡库区紫色砂岩地的森林水文效应进行了研究，并构建评价指标体系，对主要森林类型水文效应进行了综合评价。

（1）森林林冠层水文效应

林外及林内穿透降雨采用实地观测的方法；林冠枝叶最大容水量采用室内实验的方法；通过对降水量及对应的林冠截留率进行回归分析，构建了二者之间的负幂函数关系式。

（2）森林枯落物层水文效应

枯落物收集采用现场实地收集的方法；枯落物储量、持水特性、吸水速率等特性测定采用室内实验的方法；经回归分析，模拟了枯落物浸水时间（t）与持水量（Q）的线性关系模型。

（3）森林土壤层水文效应

土样采集采用现场实地收集的方法；土壤水分入渗采用现场双环法测定；土壤持水能力、理化性质的测定采用室内实验的方法；分别采用 Kostiakov 模型、Horton 模型和 Philip 模型对土壤水分过程进行模拟，将模拟值与实测值进行了对比分析；使用 ST－70A 型土壤水分渗透仪，采用定水头法测定了所选林地 $0 \sim 200$mm、$200 \sim 400$mm、$400 \sim 600$mm 三个层次土壤的饱和导水率。

（4）主要森林类型水文效应综合评价

统筹考虑林冠层、枯落物层、土壤层水文特征，兼顾地形特性，按照综合性、主导型、科学性、地域性、可操作性的原则，选取指标因子，构建森林水文效应评价指标体系，筛选影响水文效应的主成分因子，并进行库区主要森林类型水文效应综合分析评价。

三、技术路线

研究的具体技术路线如图 1－2 所示。

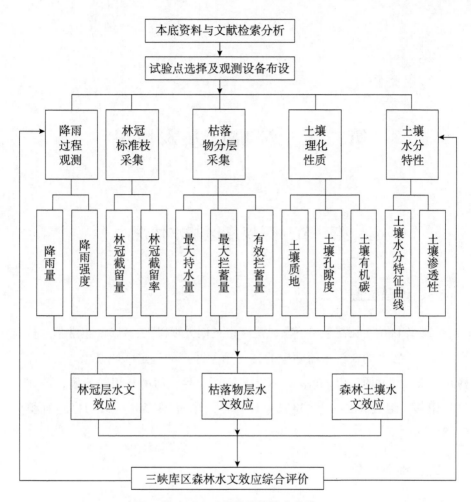

图 1-2 研究的具体技术路线

第二章　研究区基本情况

第一节　三峡库区基本情况

一、地理位置

三峡库区位于长江上游下段，是泛指三峡大坝以上，175m 正常蓄水位淹没范围直接涉及的长江干流两岸的县（市、区）的特定区域概念。三峡库区横跨重庆、湖北两省市，东南、东北与鄂西交界，西南与川黔接壤，西北与川陕相邻；地处东经 105°38′～111°39′，北纬 28°58′～32°11′，面积为 5.78 万 km^2。

二、地质地貌

在地质构造上，三峡库区处于大巴山褶皱带、川东褶皱带和川鄂湘黔隆起带三大构造单元交会处，区内岩层主要有奥陶系、志留系、寒武系、二叠系、三叠系、侏罗系等。而每一岩系，又有繁多的岩组。库区具有山高谷深、切割度大，支离破碎的地貌特点。主要地貌类型有中山、低山、丘陵、河谷平原，山地、丘陵分别占总面积的 74.0% 和 21.7%，河谷平原占总面积的 4.3%。根据库区 1∶50000 数字高程模型（DEM）计算，区内坡度 <5°土地占土地总面积的 15.0%；5°～8°土地占总面积的 4.0%；8°～15°土地占总面积的 13.9%；15°～25°土地占总面积的 29.1%；25°～35°土地占总面积的 20.6%；>35°土地占总面积的 17.4%。其中 >15°的土地占总面积的 67.1%。

三、气候水文

库区地处我国亚热带季风湿润气候区，热量丰富，雨量充沛，年平均降雨量为 1200mm 左右，降雨的时、空分布极不均匀，5—9 月降雨量占全年降雨量的 60%～80%。库区年平均气温为 18℃，7 月平均气温为 28.6℃，1 月平均气温为 6.7℃，极端低温 -3.6℃，无霜期 240～330d，≥10℃的年积温 5882.9℃。库区江河纵横，长江干流自西向东横穿库区，北有嘉陵江汇入，是南有乌江汇入，形成不对称的、向心的网状水系。流域面积 100km² 以上江河 172 条，其中重庆市 141 条，湖北 31 条。流域面积 1000km² 以上的河流有 22 条，其中重庆市境内 19 条，湖北境内 3 条。库区地表年径流总量为 511.4 亿立方米，地表径流年际变化大，最大年为最小年的 1.5～4.2 倍。库区两端雨量略低于中部。东南边缘山区、北部大巴山地区多年平均径流深为 753mm，而西部丘陵地区仅 360mm，连其一半都没有达到。

四、土壤特征

该区域由于水热条件充沛、地貌类型复杂，导致土壤类型较为丰富多样。根据当地土壤调查资料，研究区内以红壤、黄壤、棕壤、黄棕壤、紫色土、潮土、水稻土、草甸土和石灰土等为主。所有土壤类型中，紫色土分布最为广泛，占到区域土地总面积的 47.8%，多分布于向斜谷内海拔 1000m 以下丘陵坡地。紫色土土壤矿物质养分含量较高。黄壤主要分布于海拔 800m 以上的中山、低山，成土母质多为砂岩，肥力较低。黄棕壤多分布于海拔 1200～1700m 的山地，肥力中等。水稻土多分布在海拔 800m 以下的丘陵、平坝、台地及低山槽谷底部。潮土多分布在干、支流两岸的一级阶地上，土质肥沃。棕壤主要分布在海拔 1500～2200m 的中山地带，它是落叶阔叶林或落叶阔叶＋暖性针叶混交林林下的一种土壤类型，土质黏重，肥力中等。石灰土主要分布在海拔 1500m 以下的岩溶中山和背斜低山槽谷。草甸土仅见于大巴山和铜锣山海拔 2000m 以上的地区。

五、植被状况

三峡库区各县市的森林覆盖率如表 2 – 1（徐琪等，1993）所示。

表 2 –1 三峡库区各县市的森林覆盖率

县（市）	森林面积 （hm²）	森林覆盖率 （%）	县（市）	森林面积 （hm²）	森林覆盖率 （%）
北碚	—	19.85	巫山	88860.00	29.81
渝北	14426.67	7.38	巫溪	127020.00	31.59
江津	—	22.76	奉节	102460.00	25.25
巴县	6173.33	2.56	云阳	42806.67	11.77
长寿	10260.00	7.24	万县	42986.67	13.38
涪陵	34946.67	12.3	开县	49480.00	12.5
丰都	45333.33	16.56	巴东	42946.67	22.71
石柱	55253.33	23.09	秭归	48126.67	21.04
武隆	56093.33	27.84	兴山	90333.33	30.3
忠县	13486.67	6.18	宜昌	103313.33	30.94

三峡库区的植物类型主要有亚热带常绿阔叶、落叶阔叶以及针阔混交三类。库区森林植被分布不均，森林覆盖率22.1%。由于人为干扰相对较少，所以较高海拔的森林植被保存较好，鄂西三峡库区各县的森林覆盖率略高。而沿岸两侧海拔800m以下地区森林破坏较为严重，绝大部分变成梯田、坡耕地。库区森林结构中用材林占87%，防护林、经济林、薪炭林仅占13%。从林分起源看，天然林占67.33%，人工林占32.67%。

第二节　试验区基本情况

一、地理位置

试验区位于三峡库区尾部重庆市江津区南部的四面山，距重庆主城区

140km，地理坐标 E106°17′～106°30′，N28°31′～28°43′，南临贵州，属于云贵高原大娄山山脉向北延伸的余脉，是云贵高原至四川盆地的梯级过渡地带（刘玉成，1985）。南与贵州习水三岔河亚热带天然林保护区接壤，西与四川合江佛宝国家森林公园景区毗邻，东接重庆市的綦江县。四面山辖区面积 234.78km²，森林面积 224km²，森林覆盖率约为 95.41%。

试验区设置于四面山中部的张家山林区。该区域土壤以紫色土和黄壤为主，成土母质主要为紫色砂岩，林地面积为 6.5km²，主要分布在土地岩、双桥溪、秦家沟 3 地，天然次生起源的阔叶林、针阔混交林主要分布在双桥溪与土地岩两地。

二、地质地貌

四面山坐落于川东南坳陷带，处于江津太和向斜构造的南端，属于四川盆地川东褶皱带与贵州高原大娄山山脉的过渡地段。岩性主要是白垩纪晚期夹关组厚层紫红色砂岩，地貌为经张力作用和外营力作用的强烈冲蚀切割形成的典型丹霞地貌。张家山林区海拔为 1100～1280m，岩性主要为巨厚层紫色细砂岩和粉砂岩夹薄层泥岩，水平层理和交错层理发育度较高，中部夹石膏薄层，底部为砾岩。部分地区也分布有少量侏罗纪的蓬莱镇组地层，岩性为紫色泥岩、粉砂岩与灰白色、青灰色、灰紫色长石石英砂岩互层，两组岩层的厚度都在 100～1000m。

三、气候水文

试验区属中亚热带湿润季风气候，气候温暖湿润，雨量充沛，四季分明，无霜期 285d（钟章成，1988）。年平均气温为 13.7℃，7—8 月气温最高，平均为 22.5℃～25℃，1 月气温最低，平均为 4.5℃。年平均日照时间为 1082.7h·a^{-1}，生长季节 5—9 月的日照时间约为全年日照时间的 64%。热量状况受海拔、地形和下垫面性质等多种因素的影响，时空布不均。热量状况随着地形部位的不同也表现出较大的差异，7 月气温北坡比南坡低 0.5℃，山谷则比山顶高 0.2℃（张尔辉，1989）。年平均降雨量为 1522.3mm，6—8 月平均降雨量高达 601.2mm；12 月到翌年 2 月平均降雨量最少，仅为 87.8mm，相对年平均湿度为 80%～90%。据张家山 2002—2007 年 24 小时累计降雨量逐日（$n=1069$）观测值的频率分析结果显示，频率为 80% 以上的降雨是小于 10mm 的小雨，24 小时累积降雨量大于 25mm 的大雨概率为 5%，大于 60mm 的暴雨概率为 1%。

四、土壤特征

张家山林区土壤主要由白垩纪夹关组砖红色长石石英砂岩夹砖红、紫红色粉砂岩等风化残坡积物、冲积物发育而成。土壤呈微酸性至酸性，pH 为 4.0～6.1。主要的森林土壤类型为黄壤、黄棕壤和紫色土等。土层厚度一般在 10～70cm，局部超过 120cm。土壤物理性砂粒在 70% 以上，有机质含量、代换量、含磷量都较低。盐基交换量低，供肥能力较差，养分缺乏；粗有机质积累较多，N 素转化率低，黏粒含量低，土质轻，土壤透水性好，导致盐基淋溶，养分易流失，土壤保水保肥性差。

五、植被状况

试验区植被具有典型的亚热带常绿阔叶林特征，分为针叶林、阔叶林和竹林 3 个植被型亚纲；6 个林地类型，即落叶阔叶林、常绿阔叶 + 落叶阔叶混交林、常绿阔叶林、温性针叶林、暖性针叶林以及暖性竹林（马惠，2010）。

常绿阔叶林主要有甜槠（Castanopsis eyrei）林、青冈（Cyclobalanopsis glauca）林、巴东栎（Quercus engleriana）林等。

落叶阔叶林主要包括麻栎（Quercus acutissima）林、栓皮栎（Quercus variabilis）林、水青冈（Fagus longipetiolata）林、桤木林（Alnus cremastogyne）、山杨（Populus davidiana）林等。

常绿阔叶 + 落叶阔叶混交林包括水青冈与石栎（Lithocarpus glaber）或巴东栎组成的混交林、小叶青冈（Cyclobalanopsis myrsinifolia）与锐齿槲栎（Quercus aliena var. acuteserrata）组成的混交林等。

暖性针叶林主要包括杉木（Cunninghamia lanceolata）林、马尾松（Pinus massoniana）林。温性针叶林主要有柳杉（Cryptomeria fortunei）等。针阔混交林主要有马尾松、栓皮栎或柏木、栓皮栎混交林等。

暖性竹林有两类，一类是乔木型，如毛竹（Phyllostachys heterocycla cv. pubescens）林、刚竹（Phyllostachys sulphurea cv. Viridis）林及慈竹（Neosinocalamus affinis）林等。另一类是灌木型，如水竹（Phyllostachys heteroclada）、拐棍竹（Fargesia robusta）及箭竹（Fargesia spathacea）竹丛等。

灌木植物种主要有细枝柃（Eurya loquaiana）、腺萼马银花（Rhododendron bachii）、荆条（Vitex negundo va r. heterophylla）、中华蚊母树（Distylium chinense）、马桑（Coriaria – nepalensis）、黄栌（Cotinus coggygria）、杜鹃（Rhododendron simsii）、火棘（Pyracantha fortuneana）、雀梅藤（Sageretia thea）+铁仔（Myrsine africana）、小果蔷薇（Rosa cymosa）+檵木（Loropetalum chinense）等。

草类主要有野古草（Arundinella anomala）、荩草（Arthraxon hispidus）、黄茅（Heteropogon contortus）、白茅（Imperata cylindrica）等。

四面山各林地面积比例如表2－2所示（张洪江，2010；程金花，2008；王伟，2010）。

表2－2　　　　　　　　　　　四面山各林地面积比例

林地类型	面积（hm²）	比例（%）	面积比排序
常绿阔叶林	13051.67	55.59	1
暖性针叶林	6253.57	26.64	2
常绿阔叶＋落叶阔叶混交林	1437.11	6.12	3
落叶阔叶林	1195.89	5.09	4
温性针叶林	284.28	1.21	5
暖性竹林	177.85	0.76	6
其他	1077.64	4.59	—
总计	23478.01	100	—

第三章 森林林冠层水文效应研究

为探讨三峡库区紫色砂岩地主要森林类型林冠层水文效应，以常绿阔叶林、落叶阔叶林、常绿阔叶+落叶阔叶混交林及暖性针叶林4种森林类型为研究对象，根据地质地貌、森林类型等情况，共设置乔木标准样地16块。在各标准样地乔木优势种调查的基础上，对不同森林类型所选乔木标准木以及群落自身的林冠最大容水量进行了对比分析，探讨了最大容水量的影响因素，分析了不同森林类型林冠截留量与截留率的差异，探讨了森林林冠截留能力与降雨、风速、湿度、枝叶干燥度等因素的关系，进行了林内外降雨动能和侵蚀力计算，讨论了不同森林类型林冠截留对降雨动能和侵蚀力消减能力的影响。

第一节 试验及研究方法

一、试验地设置

研究以经营措施和土壤类型的一致性为前提，并充分考虑母质、海拔、坡向、坡度等自然条件状况，共布设16块10m×10m的乔木样方，样方覆盖了常绿阔叶林、落叶阔叶林、常绿阔叶+落叶阔叶混交林及暖性针叶林4种森林类型，如图3-1所示。

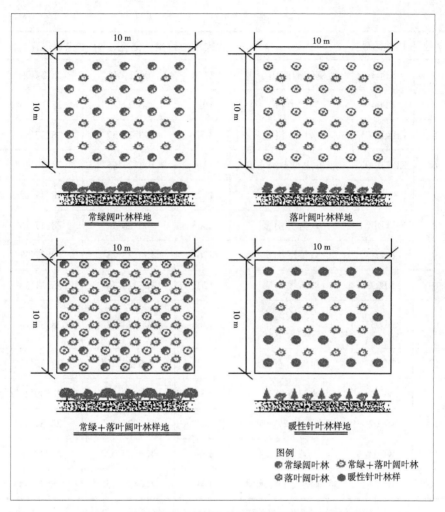

图3-1 森林林冠层水文效应试验植物群落样地示意图

在4种森林类型所选标准地内进行林冠层水文特征测定试验。各样地布设信息如表3-1所示。

表3-1 森林林冠层水文效应试验样地布设信息

序号	样地编号	地点	海拔（m）	坐标位置（E）	坐标位置（N）
1	EB01	双桥溪沟头下坡	1393	106°23′19″	28°32′01″
2	EB02	大窝铺插旗山中下坡	1255	106°20′09″	28°34′10″

序号	样地编号	地点	海拔（m）	坐标位置（E）	坐标位置（N）
3	EB03	大窝铺插旗山下坡	1158	106°20′10″	28°34′09″
4	EB04	头道村	1021	106°22′12″	28°35′13″
5	EB&DB01	水口寺沿途	952	106°21′57″	28°37′34″
6	EB&DB02	双桥溪沟支沟右侧	1236	106°23′55″	28°37′24″
7	EB&DB03	秦家沟沟头	1195	106°23′47″	28°37′22″
8	EB&DB04	八卦尖山腰	1463	106°26′50″	28°37′15″
9	DB01	双桥溪沟头	1267	106°23′23″	28°37′53″
10	DB02	双桥溪沟底	1221	106°23′26″	28°37′53″
11	DB03	秦家沟沟头 左侧天然林	1366	106°23′18″	28°37′18″
12	DB04	大洪海，石门坎	1178	106°27′38″	28°35′32″
13	WC01	水口寺路边	986	106°19′18″	28°39′28″
14	WC02	望乡台停车场对面	942	106°25′33″	28°37′09″
15	WC03	八卦尖	1534	106°27′02″	28°37′16″
16	WC04	珍珠湖人工杉木林	1348	106°24′25″	28°35′34″

　　注：EB 代表常绿阔叶林；DB 代表落叶阔叶林；WC 代表暖性针叶林；EB&DB 代表常绿阔叶＋落叶阔叶混交林。

　　经调查，森林林冠层水文效应研究各样方乔木优势种调查情况如表 3－2 所示。

表 3－2 森林林冠层水文效应研究各样方乔木优势种调查情况

序号	样方编号	海拔(m)	郁闭度(%)	坡度(°)	坡向	坡位	群丛	优势种1	重要值	优势种2	重要值
1	EB01	1393	0.70	45	WN	上坡	丝栗＋白毛新木姜子林	丝栗	29.82	白毛新木姜子	17.28
2	EB02	1255	0.50	32.5	SW6°	中下坡	青冈林	青冈	21.60	腺萼马银花	17.72
3	EB03	1158	0.75	26	SE29°	下坡	石栎＋栲树林	石栎	15.69	栲树	13.80
4	EB04	1021	0.55	32	SW 10°	中坡	黄杞林	黄杞	11.60	—	—
5	EB&DB01	952	0.50	29	SE72°	下坡	水青冈＋石栎	水青冈	16.66	石栎	18.61
6	EB&DB02	1236	0.50	40	NE28°	中坡	润楠＋檞栎林	润楠	26.68	檞栎	0.15
7	EB&DB03	1195	0.90	22.5	SW20°	上坡	曼绸＋化香	曼绸	31.29	化香	12.66
8	EB&DB04	1463	0.80	47	NE10°	上坡	野核桃＋栎林	野核桃	20.32	栎	16.28
9	DB01	1267	0.50	38	ES	下坡	亮叶桦林	亮叶桦	47.41	—	—
10	DB02	1221	0.35	15	—	沟底	香椿林	香椿	57.99	—	—
11	DB03	1366	0.35	50	EN40°	上坡	枫香林	枫香树	44.67	—	—
12	DB04	1178	0.59	23	NW40°	下坡	檞栎＋麻栎林	檞栎	26.81	麻栎	15.43
13	WC01	986	0.66	33	SW 60°	下坡	杉木林（人工）	杉木	41.47	—	—
14	WC02	942	0.54	25	SE10°	下坡	吴茱萸＋杉木林	吴茱萸	21.59	杉木	17.36
15	WC03	1534	0.43	42	NW10°	上坡	杉木＋柳杉林	杉木	57.45	柳杉	8.39
16	WC04	1348	0.49	33	NE50°	中上坡	杉木＋城口桤叶树林	杉木	49.40	城口桤叶树	13.88

注：EB 代表常绿阔叶林；DB 代表落叶阔叶林；WC 代表暖性针叶林；EB&DB 代表常绿阔叶＋落叶阔叶混交林。

二、试验仪器设备

（一）林外降雨观测仪器设备

林外降雨量即为一次降雨历时气象数据中降雨量的累加值。试验林外降雨观测设备选用 Vantage Pro2 自动气象站（产地：美国）持续自动采集林外降雨指标数据，如图 3 – 2 及图 3 – 3 所示。Vantage Pro2 自动气象站是一款先进的小型数字化自动电子气象站设备，通过配套软件和 GPRS 远程控制模块配置，将降雨量、降雨历时、降雨强度、气温、风速、风向、空气湿度等气象数据通过网络进行远程控制、远程数据传输和实时气象状况监测，将当前环境的气象参数按照设定的试验间隔时间，定时发送到设定的终端设备上。

图 3 – 2　Vantage Pro2 外观

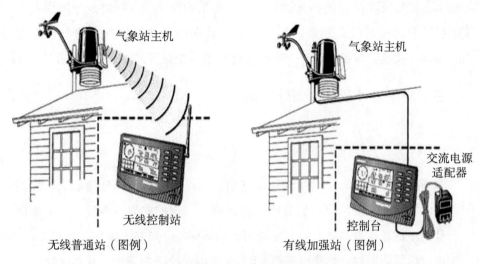

图 3 - 3　**Vantage Pro2 不同型号工作原理示意**

　　本试验利用 Vantage Pro2 小型自动气象观测站自动采集的降雨指标包括降雨量、降雨历时、降雨强度、气温、风速、风向、空气湿度等气象数据，数据采集频率为每小时 1 次。

　　（二）穿透降雨观测仪器设备

　　为了观测林冠截留能力，需要观测林下降雨，即穿透降雨。由于林冠的疏密、间隙分布不均匀，穿透的降雨量、降雨强度等在不同地点差异很大，尚无统一的理想方法。目前量测穿透降雨的特征值大多使用标准雨量筒。由于标准雨量筒的承雨面积较小，重复观测少，容易产生较大误差。为求得可靠的平均林下降雨特征值，林冠截留测定必须有足够的重复（程根伟，2004）。而试验重复数量大，则在设备管护、量测、记录等方面产生不便，其精度也不一定能够满足试验设计要求（王丙超，2007）。

　　为提高试验观测精度，准确量测林下降雨情况，本书根据林分的郁闭状况和林冠层枝叶的分布情况，采用标准地林下布设观测桶的方法，直接观测穿透雨量。这既消除了试验地由于风向、风速等气象因素引起的局地降雨分布不均的问题，同时也降低了由于林冠大小、疏密等因素引起林下降雨不均的概率。试验所需仪器设备包括塑料桶、毫米刻度尺等。同时，考虑到人工观测试验中的相对误差和系统误差，本试验在每块试验样地内均布设一台CR2 型翻斗式电脑数字雨量计，进行穿透雨量补充观测，用于对照研究。

三、降雨事件及标准划分原则

（一） 降雨事件分割原则

降雨事件分割是降雨数据统计的基础，不同的降雨事件分割方法统计的降雨历时、降雨强度、降雨量等降雨特征存在一定的差异。因此，明确降雨时间分割原则是试验基础。本研究采用的降雨事件分割方法如下。

连续性降雨事件：指降雨事件前后 6h 之内没有降雨发生，并且从降雨开始到降雨结束没有大于 1h 的间断。

间断性降雨事件：指降雨历时大于 6h，降雨过程中有间断，且降雨间断时间小于 6h，并且此降雨事件前后 6h 之内没有降雨。此类降雨过程虽有间断，但其下垫面条件如表土的含水率等未发生明显的变化，即降雨的间断不会对降雨和产流过程产生大的影响。

（二） 降雨标准划分原则

分析研究期间的降雨特征，是为说明研究时段内降雨条件有哪些特点，以便分析该地导致水文过程变化的林冠截留过程在研究期间随降雨特征的变化规律。

流域内影响水文过程变化的降雨因素中，除降雨强度和降雨量外，还有降雨历时和降雨类型（降雨强度在时间上的分布）。因此在分析降雨时，除考虑降雨量外，还须兼顾降雨强度、降雨频率等情况，这样才能符合气象学中降雨资料统计原则和方法，并且满足分析降雨对森林水文效应的需要。

根据《中国电力百科全书·水力发电卷》（2001）及国家防总指挥部办公室编制的《防汛手册》（2006），我国根据日降雨量和降雨强度把降雨分为小雨、中雨、大雨、暴雨、大暴雨和特大暴雨 6 个类型，如表 3 – 3 所示。

表 3 – 3　　　　　　　　　　　降雨类型划分标准

降雨等级	降雨量（mm/d）	降雨强度（mm/h）
小雨	＜10	＜2.5
中雨	10～25	2.5～8.0
大雨	25～50	8.0～16.0
暴雨	50～100	≥16.0
大暴雨	100～200	—
特大暴雨	≥200	—

四、森林林冠层水文特征观测及计算方法

林地降水首先要受到林冠的截留，一部分大气降水落到树冠的叶、枝和干表面，并被吸附或积蓄下来，这部分降水量被称为林冠截留量（canopy interception）。一部分降落到树冠的叶、枝和干上的降水在重力作用下顺着枝条、树干流到地面，被称为树干截留量（stem flow）。还有一部分降水未接触到树体而直接穿过林冠间隙落到林地上，称为穿透雨量。一般来讲树干截留量只占林分截留总量的不到 1%，在很多情况下可以忽略不计（杨茂瑞，1992）。本试验将树干截留量计入地面枯落物及土壤层输入水量。

（一）降雨过程观测

为了提高试验观测精度和试验效率，试验共布设无线普通型和有线加强型 Vantage Pro2 小型自动气象观测站各 2 台，4 种森林类型试验样地各选一地布设一台，并配合传统雨量筒观测方法同步观测。气象站观测数据文件为每小时记录一次，雨量筒每天两次即时观测，自动气象站每 15 日导出一次。数据采集时，先将计算机接入气象站读数器下载数据，再通过功能软件输出，可获取电子文档。

为了弥补雨量筒观测的缺陷，试验选用底面积较大的塑料桶代替传统的雨量筒量测穿透雨量。在每块标准地内，选择 3 个典型位置水平布设观测雨

量的塑料桶，并且桶身 1/3 埋入地下。降雨后，用毫米刻度尺量取桶内水深，记录数据，并将水倒入量筒进行体积量测，数据精度为 0.1mm。然后将桶内的水吸出，便于下次降雨后的量测。经多次试验，求得桶内水深与此深度下水量的体积的关系式如图 3 − 4 所示。图中，x 代表水量，y 代表水深，将试验测得水深代入关系式就可得到相对应的林内穿透雨量。

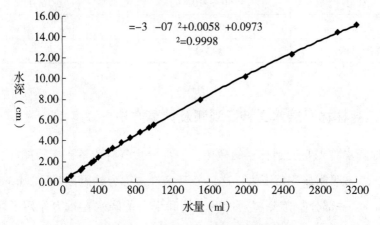

图中：
$$= -3 \quad -07 \quad ^2 + 0.0058 \quad +0.0973$$
$$^2 = 0.9998$$

图 3 − 4　降雨深与林内穿透雨量关系

此外，考虑到人工观测试验中的相对误差和系统误差，本试验在每块试验样地内均布设一台 CR2 型翻斗式电脑数字雨量计进行穿透雨量补充观测。整理降雨历时、降雨量、30min 最大降雨强度等试验数据，用于对照研究。

（二）林冠截留量计算

本研究在水利行业标准（SL 419—2007，替代 SD 239—87）规定试验方法的基础上，综合考虑降雨过程中蒸发量和树干截留量相对较少，可以忽略的客观情况（杨茂瑞，1992），对该规程中林冠截留降雨量的计算公式进行了修订，采用修订后的公式进行了林冠截留相关计算。经修订，林冠截留降雨量具体计算式如下：

$$M_n = H_n - \frac{h_{n1} + h_{n2} + h_{n3}}{3} \qquad (3 - 1)$$

式中，M_n——第 n 块样地林冠截留降雨量，mm；

H_n——第 n 块样地利用 Vantage Pro2 观测站测得的林外大气净降雨
量，mm；

h_{n1}，h_{n2}，h_{n3}——第 n 块样地林下 3 个塑料桶测得的降雨量，mm；

n——样地编号，$n=1$，2，3，…，16。

另外，根据林冠截留降雨量和林外大气净降雨量可计算求得林冠截留率，
计算表达式为：

$$林冠截留率 = M_n/H_n \qquad\qquad (3-2)$$

M_n，H_n 含义同上。

（三）林冠最大容水量测定

根据林分结构和植物组成的差异，采用蘸水法对四面山主要森林类型的林
冠最大容水量进行测定。首先在样地内选定 3 株优势种乔木的标准木（3 个重
复），在各标准木上取标准枝称量。称量后，将标准枝放入溪水中浸泡 30min，
取出控水约 1min 后且无水滴滴落时再次称量。所测浸水前后枝叶重量之差即为
单株标准木的林冠最大容水量。根据各样地内乔木类型、结构组成、种群密度
及郁闭度等，以植物群落为单位推算规模区域内植被群落林冠最大容水量。

（四）水文频率曲线计算

由于水文现象一般都具有偶然性的特点，因此根据概率统计学原理，可
把水文现象中的一些特征值作为随机变量看待，并应用数理统计的原理和方
法研究它的变化规律。其中，从水文现象中已发生的情况计算其发生的频率
去推论今后可能发生的概率，这是水文统计分析方法的基本途径。

水文频率计算是将水文观测看成是重复试验，以特征值的个数作为其出
现次数，目的是以分析特征值的频率来推论这种水文现象的发生情势。水文
经验频率曲线的计算方法如下。

首先，整理实测水文系列资料，将实测水文特征值按大小次序递减排序，
并编号。

其次，计算各项对应的经验频率。以下 3 种经验公式是常见的经验频率

的计算公式：

$$P = \frac{m}{n} \times 100\% \tag{3-3}$$

$$P = \frac{m - 0.5}{n} \times 100\% \tag{3-4}$$

$$P = \frac{m}{n + 1} \times 100\% \tag{3-5}$$

式中，n——按由大到小次序排列的系列 x_1，x_2，x_3，…，x_n 的总项数；

m——等量或超量的项数，或某项在递减系列中的位次；

P——经验频率。

其中式 3-3 和式 3-4 又被称为海森公式，在国外应用较多。式 3-5 由数理统计理论推得，计算方便、精度较高，在我国被广泛应用。本试验采用式 3-5 作为水文经验频率曲线计算依据。

最后，将经验频率与水文特征值点绘成图，并拟合出一条光滑曲线，即为经验频率曲线。

（五）降雨侵蚀力计算

降雨动能是降雨过程中形成的能量。降雨侵蚀力是由于降雨动能产生的对土壤侵蚀的潜在能力。许多学者对如何度量降雨侵蚀力进行了深入的研究［威斯奇迈尔（Wischmeier），1958；汉德森（Hudson），1971；布朗等（Brown et al.），1987］。我国研究者在外国学者研究的基础上，分析得出一套适用于我国的降雨侵蚀力的简易计算方法（刘宝元等，2001），即

$$e_m = 0.29[1 - 0.72\exp(-0.05i_m)] \tag{3-6}$$

$$E = \sum_{m=1}^{n}(e_m \cdot P_m) \tag{3-7}$$

$$R = E \cdot I_{30} \tag{3-8}$$

式中，e_m——时段单位降雨动能，MJ/（ha·mm）；

i_m——时段降雨强度，mm/h；

P_m——时段降雨量，mm；

E———一次降雨的总动能，MJ/ha；

R———一次降雨的侵蚀力，MJ·mm/（ha·h）；

I_{30}———最大30min降雨强度，mm/h。

第二节　森林林冠最大容水量

森林植物林冠层对降水的截留能力受乔木冠层的枝叶生物学特性差异影响，其截留能力与林冠的最大容水量有着密切的关系（邓世宗，1990）。

一、标准木林冠最大容水量

根据所选4种主要森林类型乔木优势种调查情况，选定标准木，进行浸水法测定其林冠层枝叶的最大容水量前，测定标准木林冠层单位面积枝叶质量如图3-5所示。试验结果表明，落叶阔叶林的标准木林冠层单位面积枝叶质量均值最小（14.58±0.73），常绿阔叶林次之（18.22±2.58），暖性针叶林最大（31.23±0.71）。

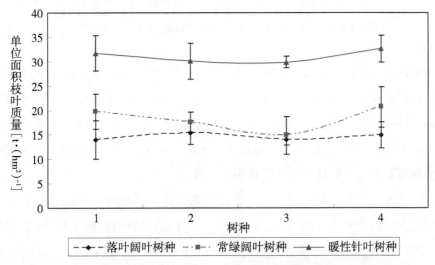

图3-5　乔木标准木林冠层单位面积枝叶质量

对落叶阔叶林、常绿阔叶林、暖性针叶林这 3 个类型进行乔木标准木林冠层单位面积枝叶质量进行方差分析（Dunnett T3），发现落叶阔叶林和常绿阔叶林标准木林冠层单位面积枝叶质量与暖性针叶林的标准木林冠层单位面积枝叶质量差异极显著，如表 3 - 4 所示，分别为 0.003 和 0.002；落叶阔叶林与常绿阔叶林标准木林冠层单位面积枝叶质量的差异显著性为 0.145，显著性水平 0.05。落叶阔叶林与常绿阔叶林标准木林冠层单位面积枝叶质量有一定相似性，原因主要是二者都属阔叶树种，植物生理生态学特性在一定程度上具有相似性。

表 3 - 4　　　　　　乔木标准木林冠层单位面积枝叶质量方差分析

变量 （I）	变量 （J）	均值差 （I - J）	标准误	显著性	95% 置信区间	
					下限	上限
1**	2**	- 3.642	1.342	0.145	- 9.054	1.769
	3**	- 16.650*	0.620	0.002	- 20.268	- 13.031
2**	1**	3.642	1.342	0.145	- 1.769	9.054
	3**	- 13.007*	1.384	0.003	- 18.392	- 7.623
3**	1**	16.650*	0.620	0.002	13.031	20.269
	2**	13.007*	1.384	0.003	7.623	18.392

注：*. 均值差的显著性水平为 0.05；**. 1 为落叶阔叶林，2 为常绿阔叶林，3 为暖性针叶林。

根据所选 4 种主要森林类型乔木优势种调查情况，对选定标准木的标准枝采用浸水法测定其林冠层枝叶的最大容水量，如图 3 - 6 所示。测得落叶阔叶林的标准木林冠层枝叶的最大容水量均值最小（3.04 ± 0.49），常绿阔叶林次之（3.95 ± 0.26），暖性针叶林最大（5.87 ± 0.02），这与 3 种类型乔木标准木林冠层单位面积枝叶质量的排序相一致。

对落叶阔叶林、常绿阔叶林、暖性针叶林这 3 种类型进行乔木标准木冠层最大容水量方差分析（Dunnett T3），发现落叶阔叶林和常绿阔叶林标准木林冠层最大容水量与暖性针叶林的标准木林冠层最大容水量差异极显著（见表 3 - 5），分别为 0.003 和 0.002；落叶阔叶林与常绿阔叶林标准木林冠

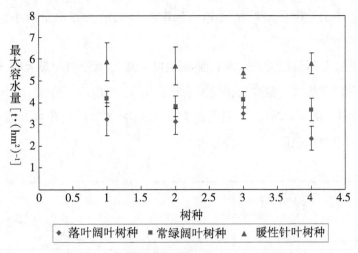

图 3-6　乔木标准木林冠层枝叶最大容水量

层最大容水量差异显著性为 0.063，略大于显著性水平 0.05。

表 3-5　　　　　　　　　乔木标准木林冠层最大容水量方差分析

变量 (I)	变量 (J)	均值差 (I-J)	标准误	显著性	95% 置信区间	
					下限	上限
1**	2**	-0.910	0.276	0.063	-1.885	0.065
	3**	-2.832*	0.244	0.003	-3.914	-1.751
2**	1**	0.910	0.276	0.063	-0.065	1.885
	3**	-1.922*	0.127	0.002	-2.488	-1.357
3**	1**	2.832*	0.244	0.003	1.751	3.914
	2**	1.922*	0.127	0.002	1.357	2.488

注：*. 均值差的显著性水平为 0.05；**. 1 为落叶阔叶林，2 为常绿阔叶林，3 为暖性针叶林。

　　根据最大容水量的方差分析结果，综合考虑不同乔木植物种的生物学差异，结合样地设置及乔木优势种调查，将所研究的植物归并为暖性针叶林、常绿阔叶林、落叶阔叶林 3 类，杉木和马尾松属暖性针叶林，其标准木林冠最大容水量最高，其值在 5t/hm² 以上；扁刺栲、栲树、城口桤叶树、石栎等常绿阔叶林标准木单位容水量依次减小，为 3.82～4.18t/hm²；南酸枣、槲栎、枫香、木姜叶柯等落叶阔叶林的标准木林冠最大容水量最小，其值为 2.34～3.65t/hm²。

通过相关分析可以发现，单位面积枝叶质量与单位面积最大容水量之间存在较显著的正相关，呈对数相关关系，如图 3-7 所示，公式为 $y = 3.157\ln(x) - 5.264$，$R^2 = 0.841$。这说明随着乔木标准木单位面积枝叶质量增大，乔木标准木单位面积最大容水量越大。

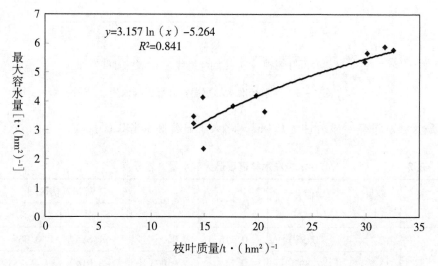

图 3-7　乔木标准木单位面积枝叶质量与单位面积最大容水量的相关关系

单位面积枝叶质量大，森林群落的郁闭度会较高，林冠结构一般会更复杂，立体的冠层结构可能容纳更多的水分。如杉木单位面积枝叶质量大，郁闭度较高，与其他阔叶植被相比最大容水量大。究其原因，针叶林具有较大的单位面积枝叶质量，受针叶乔木自身生物学特性的影响，针叶植物的枝叶空间分布状况较为复杂，枝叶分叉处数量众多，可容纳水分的空间较大。尤其是针叶间狭小的空隙有利于降水在表面张力和重力的均衡作用下被植物截留。

二、群落冠层最大容水量

结合所选常绿阔叶林、落叶阔叶林、常绿阔叶＋落叶阔叶混交林及暖性针叶林 4 种森林类型的林木密度、郁闭度，计算群落冠层最大容水量，如表 3-6 所示。

表 3-6　　　　　　　　乔木标准木林冠层枝叶最大容水量

森林类型	落叶阔叶林	常绿阔叶 + 落叶阔叶混交林	常绿阔叶林	暖性针叶林
郁闭度	0.49 ± 0.14	0.68 ± 0.17	0.69 ± 0.14	0.79 ± 0.09
枝叶质量（t/hm²）	14.74 ± 2.95	15.79 ± 9.83	15.58 ± 2.26	31.70 ± 3.51
最大容水量（t/hm²）	2.40 ± 0.77	3.14 ± 0.68	3.34 ± 0.43	4.40 ± 0.82

据表 3-6 可知，4 种森林类型林冠单位面积最大容水量由大到小依次为暖性针叶林、常绿阔叶林、常绿阔叶 + 落叶阔叶混交林、落叶阔叶林。不考虑林冠对降水势能作用，单位面积最大容水量表征植物群落林冠理论最大截留能力。也就是说，郁闭度为 0.79 暖性针叶林林冠对降雨的理论最大截留能力为 4.40 ± 0.82t/hm²；郁闭度约为 0.5 的落叶阔叶林对降雨的理论最大截留能力仅约为暖性针叶林的 50%。测定结果表明，乔木林冠对降水具有较为显著的再分配作用，林冠枝叶降水截留量一般占到枝叶干质量的 15%～25%。

林种主要有枫香、石栎、南酸枣、城口桤叶树、檞栎、木姜叶柯、扁刺锥、栲树等。针叶树和阔叶树的生物学特性有较大差异，这在很大程度上影响了林冠郁闭度、冠幅大小、形状和枝叶吸水能力等因素。针叶树林冠结构的立体性、枝叶空间分布状况的复杂性，针叶与针叶之间空隙的狭小性，针叶自身比表面积较大的特性等，相比阔叶树在重力和表面张力等的共同作用下都更有助于降水截留。也就是说，林木的生物学特性，决定了其冠层枝叶的水平空间分布状态和垂直空间分布状况。单位面积内枝叶质量越大，垂直结构就越复杂，其垂直空间的生物量也就越多，最大容水量就越大。

第三节　森林林冠截留量

一、不同森林类型林冠截留量对比分析

林冠截留是林地降雨进行的第一次水量分配。林冠截留承接部分降雨直接减小了林内降雨量、缩短了林内降雨历时、对林地植物蒸腾作用等起到了不可忽视的作用。试验通过监测林内降雨和林外降雨情况，计算得出各试验样地林冠截留量，如表 3 – 7 所示。

表 3 –7　　　　　　　　各试验样地林冠最大截留量

单位：mm

森林类型 降雨场次	落叶阔叶林	常绿阔叶 + 落叶阔叶混交林	常绿阔叶林	暖性针叶林
1	5.0	7.0	5.9	9.9
2	4.5	5.3	5.1	8.2
3	5.0	5.2	4.9	6.7
4	2.2	2.5	2.3	2.9
5	5.2	6.4	4.8	8.7
6	6.0	7.3	5.2	9.2
7	2.8	4.0	3.5	5.5
8	4.4	5.0	4.6	6.4
9	7.2	14.1	8.8	15.6
10	4.5	5.6	5.2	8.8
11	5.1	5.3	5.0	7.0
12	5.4	6.6	5.8	8.9
13	7.2	6.7	6.0	12.3
14	4.6	10.3	5.7	7.7
15	3.9	6.8	5.2	9.0

续　表

降雨场次　森林类型	落叶阔叶林	常绿阔叶 + 落叶阔叶混交林	常绿阔叶林	暖性针叶林
16	1.7	1.6	1.6	1.7
17	4.4	5.7	4.9	6.8
18	9.3	11.3	9.4	15.2
19	3.5	3.6	3.4	3.5
20	9.1	9.5	7.6	11.7
21	2.7	4.9	4.6	7.3
22	4.5	5.1	4.7	8.7
23	7.2	8.7	8.9	11.9

　　从表 3-7 中可以看出，落叶阔叶林和常绿阔叶林的林冠最大截留量相近，分别为 9.3mm 和 9.4mm，常绿阔叶 + 落叶阔叶混交林的林冠最大截留量为 14.1mm，暖性针叶林的林冠最大截留量为 15.6mm。而 4 种森林类型的林冠最小截留量几乎没有差异，分别为 1.7mm，1.6mm，1.6mm，1.7mm。经计算，4 种森林类型的林冠平均截留量分别为（5.02 ± 1.97）mm，（6.46 ± 2.84）mm，（5.35 ± 1.91）mm，（8.42 ± 3.44）mm。试验分析发现，在同场降雨中，暖性针叶林对降雨的林冠截留量最大，林冠截留能力最强。郁闭度相近常绿阔叶林和常绿阔叶 + 落叶阔叶混交林相比较而言，在相同场次降雨中，常绿阔叶 + 落叶阔叶混交林的林冠截留量略大于常绿阔叶林，说明常绿阔叶林的截留能力比常绿阔叶 + 落叶阔叶混交林的截留能力略弱。

　　试验结果表明，相同林龄的不同森林类型的林冠截留能力有一定特征。从最小截留能力看，几种森林类型的截留能力几乎没有差异，截留量几乎一致。而各森林类型的最大截留能力差异较大，由强到弱依次为暖性针叶林、常绿阔叶 + 落叶阔叶混交林、常绿阔叶林、落叶阔叶林，平均截留能力同最大截留能力一致。因此，从总体上看，相同林龄下暖性针叶林冠截留能力最大，常绿阔叶 + 落叶阔叶混交林其次，紧接着是常绿阔叶林，落叶阔叶林最小。

研究进一步采用 Tukey HSD、LSD 以及 Hochberg 三种多重比较的方法进行了单因素方差分析，如表3-8所示。经计算，可以看出在相同的显著性水平下，Tukey HSD、LSD 以及 Hochberg 3 种比较方法结算结果的显著性相近，结论一致，均呈现出暖性针叶林与落叶阔叶林、常绿阔叶林以及常绿阔叶+落叶阔叶混交林具有显著差异。其中，暖性针叶林与落叶阔叶林的差异最为显著，为极显著差异。落叶阔叶林与常绿阔叶林虽呈一定差异性，但在这 4 种林地中其截留量表现最接近。这是因为两林地树种都属于阔叶树种，在枝叶性状与生长发育程度上有一定相似性。同时也表明，郁闭度为 0.49 的落叶阔叶林的截留能力与郁闭度为 0.69 的常绿阔叶林相近。

根据方差分析还发现，常绿阔叶+落叶阔叶混交林与落叶阔叶林表现出一定差异性，但不显著（显著性为 0.251）。这是因为常绿阔叶+落叶阔叶混交林与落叶阔叶林中优势树种类别的差异性较大，常绿阔叶+落叶阔叶混交林中有常绿阔叶林树种，而落叶阔叶林中没有常绿阔叶林树种，落叶阔叶林树种和常绿阔叶林树种的生物学特征明显不一致，因此由植物林冠差异形成的林冠截留量存在差异。与此同时，两样地内亦有大量相同的落叶阔叶林树种，按照同种树种的截留能力相同的规律，故两种林地截留能力在相同中又有差异性变化。同样，常绿阔叶+落叶阔叶混交林与常绿阔叶林表现出一定差异性，但不显著（显著性为 0.484）。

表 3-8　　　　　　　　不同森林类型林冠截留量单因素方差分析

森林类型（I）	森林类型（J）	均值差（I-J）	标准误	显著性	95%置信区间	
					下限	上限
1	2	-1.439	0.772	0.251	-3.462	0.583
	3	-0.334	0.772	0.973	-2.357	1.688
	4	-3.400*	0.772	0.000	-5.423	-1.378
2	1	1.439	0.772	0.251	-0.583	3.468
	3	1.104	0.772	0.484	-0.918	3.127
	4	-1.961	0.772	0.061	-3.983	0.062

森林类型（I）	森林类型（J）	均值差（I-J）	标准误	显著性	95%置信区间	
					下限	上限
3	1	0.335	0.772	0.973	-1.688	2.357
	2	-1.104	0.772	0.484	-3.127	0.918
	4	-3.065*	0.772	0.001	-5.088	-1.043
4	1	3.400*	0.772	0.000	1.378	5.423
	2	1.961	0.772	0.061	-0.062	3.983
	3	3.065*	0.772	0.001	1.043	5.088

注：1 为落叶阔叶林；2 为常绿阔叶+落叶阔叶混交林；3 为常绿阔叶林；4 为暖性针叶林。

二、林冠截留量对气象因子的响应

林冠截留是在降雨量、降雨强度、降雨历时、风速、湿度、气温等诸多环境因子作用条件下，由于林冠的拦挡、承接等作用对降雨进行的时空水量分配的第一过程。这一过程中，截留量的多少将受到降雨量、降雨强度、降雨历时、风速、湿度、气温等诸多气象因子的影响。为了分析林冠截留量与各因子的相关性，应用 SPSS 中多因素方差分析方法进行了计算分析。

经分析计算，得出方差分析结果如表 3-9 和表 3-10 所示。结果表明，风速、气温、降雨强度等气象因子与截留量没有显著的相关性。而各林地的林冠截留量与降雨量的相关度最高，且具有显著相关性，显著性分别为 0.01，0，0，0.09。

经分析发现，雨型与截留量具有动态变化关系。所选样方的林龄接近，20a 左右，由于栽种、管护以及植物自然生长能力的差异，不同雨型条件下不同森林类型样地的林冠截留量表现出不同的特征。由 4 种林地林冠最小截留量可以看出，在小雨条件下林地林冠的截留能力基本一致，可截留 89% 以上的降雨。各类型样地的林冠最大截留量发生在大到暴雨降雨过程中，而对于中雨以上的雨型，各林地的截留能力随降雨量、降雨强度等因素发生变化。当林冠截留量达到饱和状态后，林冠层由于无法容纳更多的水分，原有的截留水分和降落水分接触后，受到黏滞力和重力作用从林冠下落，林冠截留量还可能会有所减少。因此，森林植物对于雨强较小的降水具有更好的截留作用，

表 3-9　不同森林类型林冠截留量与降雨因子的方差分析

森林类型	对比方法	降雨量					降雨强度				
		平方和	df	均方	F	显著性	平方和	df	均方	F	显著性
落叶阔叶林	加权	15.46	1.00	15.46	13.91	0.01	62.46	1.00	62.46	1.27	0.31
	偏差	21.10	15.00	1.41	1.27	0.41	979.99	13.00	75.38	1.53	0.34
常绿阔叶+落叶阔叶混交林	加权	34.67	1.00	34.67	78.22	0.00	99.01	1.00	99.01	12.38	0.18
	偏差	8.55	20.00	0.43	3.63	0.06	1181.94	17.00	69.53	8.69	0.26
常绿阔叶林	加权	24.63	1.00	24.63	98.50	0.00	29.50	1.00	29.50	3.42	0.14
	偏差	17.59	17.00	1.03	4.14	0.09	1224.95	14.00	87.50	10.14	0.02
暖性针叶林	加权	22.62	1.00	22.62	45.25	0.09	30.68	1.00	30.68	3.84	0.30
	偏差	20.09	20.00	1.00	2.01	0.51	1250.27	17.00	73.55	9.19	0.25

表 3-10　不同森林类型林冠截留量与风速—气温的方差分析

森林类型	对比方法	风速					气温				
		平方和	df	均方	F	显著性	平方和	df	均方	F	显著性
落叶阔叶林	加权	4.37	1.00	4.37	1.66	0.27	4.33	1.00	4.33	1.44	0.28
	偏差	31.55	13.00	2.43	0.92	0.59	38.53	15.00	2.57	0.86	0.63
常绿阔叶+落叶阔叶混交林	加权	2.44	1.00	2.44	0.54	0.60	2.45	1.00	2.45	0.55	0.60
	偏差	39.48	16.00	2.47	0.55	0.80	50.91	19.00	2.68	0.60	0.79
常绿阔叶林	加权	3.80	1.00	3.80	2.21	0.23	3.25	1.00	3.25	1.81	0.25
	偏差	37.45	14.00	2.68	1.55	0.40	47.45	16.00	2.97	1.66	0.33
暖性针叶林	加权	0.69	1.00	0.69	0.15	0.76	0.48	1.00	0.48	0.11	0.80
	偏差	41.23	16.00	2.58	0.57	0.80	52.89	19.00	2.78	0.62	0.78

而对于雨强较大的降水，虽然截留量饱和，不能继续截留更多的降雨，但林冠还是能够有效地减小雨滴下落速度，降低暴雨对地表土壤的侵蚀力。

第四节　森林林冠截留率

降雨在冠层中的分配遵从水量平衡规律：

$$P = P' + I + G \qquad (3-9)$$

式中，P——林外降水量（mm）；

　　　P'——林内穿透水量（mm）；

　　　I——林冠截留量（mm）；

　　　G——树干径流量（mm）。

单次降水过程中，林冠截留量 I 与林外降雨量 P 的比值称为林冠截留率，林冠截留率的变化能够直观地反映出森林植物冠层截留能力受外界条件的影响程度（王彦辉，2001）。试验忽略树干截留量，研究了雨季不同植物群落典型样地乔木林冠的降雨截留率。

一、不同森林类型林冠降雨截留率对比分析

以森林外 24h 累积降水量不高于 10mm 属小雨，在 10～25mm 属中雨，在 25～50mm 属大雨，大于 50mm 属暴雨的标准，对 23 场降雨进行雨型划分（共分为小雨 4 场、中雨 9 场、大雨 6 场、暴雨 4 场），并对不同雨量级下植物林冠层的截留率进行计算。

采用方差分析方法，在 95% 置信水平下对相同雨量级下森林植物林冠截留率进行比较。结果显示，相同雨量级时不同森林植物林冠层对降雨截持能力存在不同程度的差异。小雨条件下，4 种主要森林类型的林冠截留率无显著差异，平均截留率超过 70%，能够截留大部分降水。中雨条件下，暖性针叶林平均截留率约为 50%，其他 3 种森林类型截留率仅为 30% 左右，暖性针叶林平均林冠截留率较其他 3 种森林类型具有明显的差异。大雨条件下，暖性针叶林

的平均截留率约为30%，显著高于其他3种森林类型；暴雨时，4种主要森林类型的林冠平均截留率均为15%以下，无显著差异。这是因为针叶林最大容水量相对较高，植物自身枝叶容水空间较大，所以林冠截留率高于阔叶林。

二、林冠截留率对降雨的响应

按照水文频率计算方法，将林内降雨量和截留率按照从小到大的递减顺序排序，依次重新编排序号 n，$n = 1，2，3，…，23$。然后按公式（3 - 5）计算各项所对应的经验频率。将计算出的经验频率与相应的林内降雨量点绘成经验频率曲线图，如图3 - 8所示，将计算出的经验频率与相应的截留率点

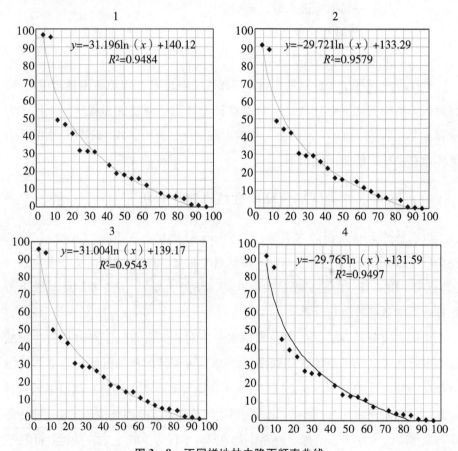

图3 - 8　不同样地林内降雨频率曲线

注：1为落叶阔叶林；2为常绿阔叶 + 落叶阔叶混交林；3为常绿阔叶林；4为暖性针叶林。

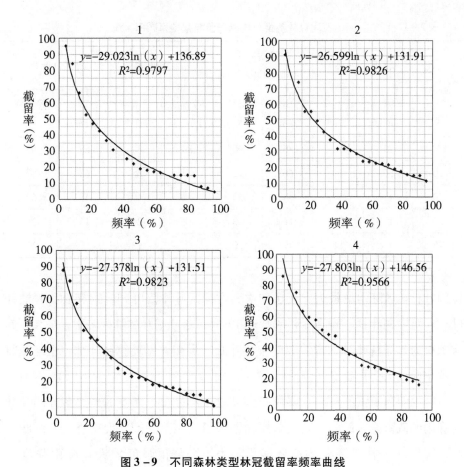

图 3 - 9　不同森林类型林冠截留率频率曲线

注：1 为落叶阔叶林；2 为常绿阔叶 + 落叶阔叶混交林；3 为常绿阔叶林；4 为暖性针叶林。

绘成经验频率曲线图，如图 3 - 9 所示。

根据频率曲线，得出不同频率下的降雨量和截留率，如表 3 - 11 所示，从中可以看出，4 种主要森林类型的截留率在不同频率下相对趋势基本不变。在任何降雨频率下，暖性针叶林的截留率最高，常绿阔叶 + 落叶阔叶混交林、常绿阔叶林次之，落叶阔叶林最低。

对比发现，相同气候条件下，不同森林类型的林内降雨量频率有一定差异，降雨频率 $P = 50\%$ 是林下降雨发生明显变化的分界线。当降雨频率 $P = 50\%$ 时，常绿阔叶林林内降雨量最大，其次依次为落叶阔叶林、常绿阔叶 + 落叶阔叶混交林、暖性针叶林。当降雨频率 $P < 50\%$ 时，相同降雨频率下，常

表 3 – 11 不同森林类型林内降雨量与截留率频率

频率	落叶阔叶林		常绿阔叶 + 落叶阔叶混交林		常绿阔叶林		暖性针叶林	
	降雨量（mm）	截留率（%）	降雨量（mm）	截留率（%）	降雨量（mm）	截留率（%）	降雨量（mm）	截留率（%）
5	73	88	86	90	89	87	84	92
10	56	70	66	72	67	68	63	83
20	41	50	44	53	47	49	43	65
50	17	23	16	28	18	24	15	38
75	8	11	6	20	7	13	3	25

绿阔叶林林内降雨量最大，其次依次为常绿阔叶 + 落叶阔叶混交林、暖性针叶林、落叶阔叶林。当降雨频率 $P > 50\%$ 时，落叶阔叶林林内降雨量最大，其次依次为常绿阔叶林、常绿阔叶 + 落叶阔叶混交林、暖性针叶林。这与截留率频率曲线的变化趋势一致。

这说明降雨强度较小（降雨强度 < 25mm/h）时，$P > 50\%$，落叶阔叶林对降雨的截留能力最弱，其次依次为常绿阔叶 + 落叶阔叶混交林、常绿阔叶林，暖性针叶林对降雨的截留能力最强。当降雨强度较大（降雨强度 > 25mm/h）时，$P < 50\%$，常绿阔叶林的林冠截留能力最弱，常绿阔叶 + 落叶阔叶混交林、落叶阔叶林次之，暖性针叶林对降雨的截留能力依然最强。

分析发现，在同一频率下，同一林地不同场次降雨的截留率相同，但截留量相差很大。这是由于截留率是截留量与林外降雨量的比值，因此截留率的高低由林外降雨量和截留量两个因素直接影响。也就是说当林外降雨量不变时，截留量越大截留率越大。当截留量一定时，降雨量越大截留率越小。

三、林冠截留率对枝叶干燥程度的响应

按前述降雨事件划分原则，将两次降雨事件发生间隔作为反映枝叶干燥

程度的指标进行统计，分析发现枝叶干燥程度对林冠截留率的大小具有一定影响。以第 9 号与第 14 号降雨为例，降雨量分别为 102.6mm 与 101.4mm，降雨量与降雨过程相近。但第 14 号降雨前 2d 曾出现过 48.6mm 降雨，第 14 号降雨期间各植物群落的林冠截留率较第 9 号林冠截留率下降了 20%～50%。尤其是针叶林，由于其截留水分与空气的接触面积较叶面平整的阔叶林较小，林冠水分的蒸发速率较慢，大量水分保留在枝叶上，严重影响其对下次降水的截留能力。受前期降水的影响，暖性针叶林在第 14 号降水期间截留率仅为第 9 号降水的 50%。

又如，第 9 号、第 18 号、第 23 号降雨，落叶阔叶林、常绿阔叶 + 落叶阔叶混交林、常绿阔叶林以及暖性针叶林 4 植物群落林冠截留量几乎达到最大值。统计分析发现，上述各次降雨前期气候干燥，多日无降雨。其中，第 9 号降雨前 8d 无降雨，第 18 号降雨前 15d 无降雨，第 23 号降雨前长达 18d 无降雨。这说明相对干燥的林冠环境下，林冠层对降雨的截留能力大，林冠截留量相应较大。

如图 3 - 10 所示，干燥程度为 1d，暖性针叶林、常绿阔叶 + 落叶阔叶混交林、常绿阔叶林和落叶阔叶林平均截留率依次为 19%，16%，12% 和 10%。干燥程度为 6d，暖性针叶林、常绿阔叶 + 落叶阔叶混交林、常绿阔叶林和落叶阔叶林平均截留率依次为 50%，42%，32% 和 32%，与 d 相比截留率增加 20%～31%。这说明暖性针叶林截留率受枝叶干燥程度的影响最大，常绿阔叶林最小。

通过对林冠干燥程度与截留率的相关关系计算，结果显示：

落叶阔叶林 $\qquad y = 10.689 \times 0.669, R^2 = 0.941$；

落叶阔叶 + 常绿阔叶混交林 $\qquad y = 13.183 \times 0.633, R^2 = 0.774$；

常绿阔叶林 $\qquad y = 11.253 \times 0.644, R^2 = 0.811$；

暖性针叶林 $\qquad y = 19.176 \times 0.614, R^2 = 0.923$。

这表明各植物群落林冠干燥程度与截留率呈幂函数正相关关系，如图 3 - 10 所示，林冠越干燥，截留率越大。

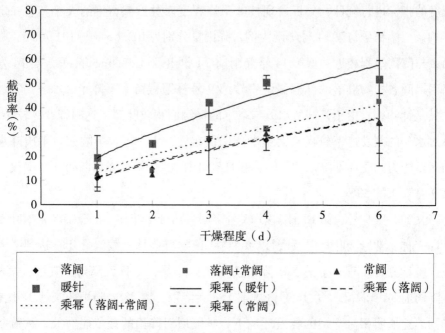

图3-10　林冠截留率与林冠枝叶干燥程度的相关关系

第五节　林冠对降雨动能消减能力分析

降雨动能是产生降雨侵蚀的主要动力，只有减弱降雨动能，才能减弱降雨侵蚀力，降低土壤侵蚀的发生频率、减缓土壤侵蚀的速率。很多研究都表明乔灌草，特别是灌草在防止森林的水土流失方面作用明显（于新晓，1987；王进鑫等，2004；王云琦等，2010）。

一、不同森林类型林外降雨动能和侵蚀力对比

本研究中选用美国学者研究的、在我国也有广泛应用的通过I_{30}计算降雨动能计算公式（3-7）。通过林外降雨量统计和降雨动能计算，发现随着林外降雨量的增大，降雨动能也相应增大，如图3-11所示。试验地林外降雨量为1.8mm，30分钟最大降雨强度为0.27mm/h时，降雨动能为

0.099MJ/ha·mm。当林外降雨量为24mm，30分钟最大降雨强度为2.8mm/h时，降雨动能为0.227MJ/ha·mm。当林外降雨量为102.6mm，30分钟最大降雨强度为28.7mm/h时，降雨动能为0.289MJ/ha·mm。可以看出，降雨动能的大小随着林外降雨量的增大而增大，呈幂函数 $y = 0.077x^{1.142}$ 关系，$R^2 = 0.958$。这说明林外降雨量的大小在一定程度上可以反映降雨动能的能量水平。

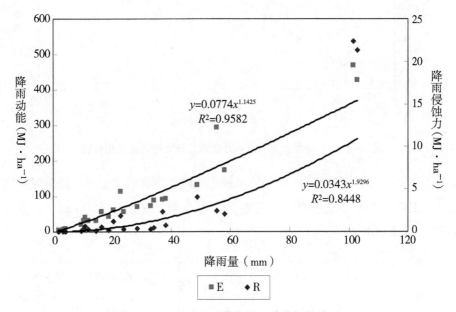

图3-11　林外降雨量与降雨动能相关关系

从图3-11可以看出，降雨侵蚀力随降雨量的增加而增大。经相关分析计算，降雨侵蚀力与降雨量呈幂函数正相关关系，$y = 0.0343x^{1.9296}$，$R^2 = 0.845$。

将林外降雨量按雨型分为小雨、中雨、大雨、暴雨、大暴雨，分别计算其相应的平均林外降雨量。经相关分析计算，林外降雨量与降雨动能呈幂函数正相关关系，如图3-12所示，关系式为：$y = 0.0656x^{1.2084}$，$R^2 = 0.9867$。

二、不同森林类型林内外降雨动能比较

试验分别进行了4种林地的林内降雨观测，并对不同森林类型降雨动能

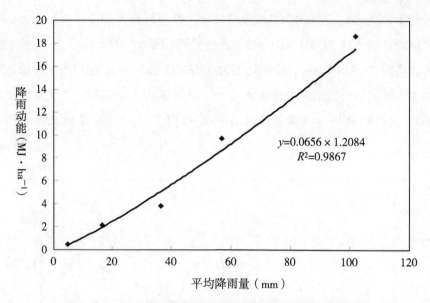

图 3 - 12   不同雨型下平均林外降雨量与降雨动能的相关性

进行了计算。计算结果显示，4 种林地林内降雨动能有一定差异。经单因素方差分析发现，4 种林地林内降雨动能差异不显著，显著性为 0.485，F 值为 0.493。具体如图 3 - 13 所示。

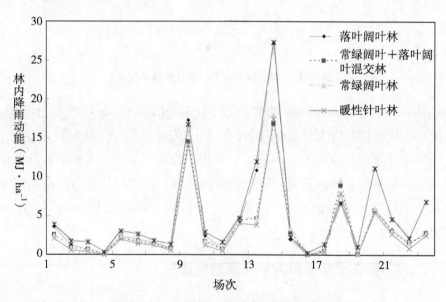

图 3 - 13   不同森林类型林内降雨动能比较

据图 3 - 13 可知，落叶阔叶林的林内降雨动能一般最大，其次依次为常绿阔叶林、常绿阔叶 + 落叶阔叶混交林、暖性针叶林。这与各林地林冠截留量的大小顺序相反，说明通过林冠截留能够减小一部分降雨动能，林冠具有对降雨动能的消减能力，且落叶阔叶林林冠对降雨动能的消减能力最弱，暖性针叶林林冠对降雨动能的消减能力最强。

对各林地林内外降雨动能进行比较发现，林内降雨动能一般小于林外雨动能。这是因为林冠对降雨的拦截和阻挡作用降低了降雨强度，减小了林内降雨量，对降雨动能有明显的减弱作用，减小了降雨侵蚀力，降低了降雨侵蚀风险。而在第 15 次和第 18 次降雨动能统计中，各林地的林内降雨动能都略大于林外降雨动能。分析发现，第 15 次和第 18 次两次降雨的降雨历时短，降雨强度大，说明林冠对短历时大雨（含大雨以上降雨）的降雨动能消减较弱。

三、不同森林类型林内外降雨侵蚀力削减能力对比

从降雨侵蚀力计算结果看，在林冠截留和拦截作用后，不同森林类型林冠对降雨侵蚀力的消减能力不同，林外降雨侵蚀力与林内相比差值有升有降，如表 3 - 12 所示。其中，落叶阔叶林共有 5 次降雨的林内降雨侵蚀力大于林外降雨侵蚀力；常绿阔叶 + 落叶阔叶混交林和常绿阔叶林均有 4 次降雨的林内降雨侵蚀力大于林外；而暖性针叶林仅有 2 次。这说明从整体来看，暖性针叶林在林冠截留和林冠阻挡的作用下，消减降雨侵蚀力的能力最强。

表 3 - 12　　　　　　　　不同森林类型林内外降雨侵蚀力比较

降雨序号	落叶阔叶林		常绿阔叶 + 落叶阔叶混交林		常绿阔叶林		暖性针叶林	
	百分比 (%)	差值 [MJ·mm·(ha·h)$^{-1}$]	百分比 (%)	差值 [MJ·mm·(ha·h)$^{-1}$]	百分比 (%)	差值 [MJ·mm·(ha·h)$^{-1}$]	百分比 (%)	差值 [MJ·mm·(ha·h)$^{-1}$]
1	18.52	1.62	53.73	4.04	54.30	3.99	40.10	5.23
2	50.87	1.65	31.20	2.23	33.98	2.14	19.80	2.60
3	93.90	8.45	3.28	8.71	4.19	8.62	1.41	8.87

降雨序号	落叶阔叶林		常绿阔叶 + 落叶阔叶混交林		常绿阔叶林		暖性针叶林	
	百分比 (%)	差值 [MJ·mm· (ha·h)⁻¹]	百分比 (%)	差值 [MJ·mm· (ha·h)⁻¹]	百分比 (%)	差值 [MJ·mm· (ha·h)⁻¹]	百分比 (%)	差值 [MJ·mm· (ha·h)⁻¹]
4	72.80	0.16	11.91	0.19	21.96	0.17	4.04	0.21
5	28.83	2.77	59.53	3.88	73.99	2.49	40.77	5.68
6	60.28	5.61	29.55	6.56	39.12	5.67	16.34	7.79
7	14.56	0.63	72.38	1.19	67.95	1.38	50.69	2.12
8	13.67	0.48	64.99	1.24	71.53	1.01	37.89	2.20
9	−35.30	−92.00	102.51	−6.53	118.84	−49.12	91.04	23.36
10	−26.48	−4.07	81.80	2.80	87.94	1.85	52.65	7.28
11	52.87	5.12	39.23	5.88	43.64	5.46	16.73	8.06
12	−68.22	−20.77	151.42	−15.65	164.53	−19.64	124.78	−7.54
13	42.18	90.04	24.33	161.55	24.83	160.48	19.58	171.69
14	−33.33	−152.04	76.48	107.28	86.94	59.56	80.34	89.70
15	−241.22	−10.09	453.15	−14.77	536.48	−18.26	311.92	−8.86
16	99.00	0.04	2.81	0.04	2.81	0.04	1.00	0.04
17	49.92	2.69	30.30	3.75	41.03	3.18	18.87	4.37
18	2.92	0.69	114.19	−3.37	138.22	−9.07	100.50	0.00
19	98.82	8.44	0.46	8.50	0.97	8.46	0.67	8.48
20	68.58	59.71	31.09	60.00	34.32	57.19	25.28	65.06
21	55.52	12.34	39.34	13.48	42.32	12.82	33.13	14.86
22	39.84	3.66	52.08	4.40	57.23	3.93	29.52	6.47
23	89.25	50.73	10.04	51.13	9.87	51.23	7.70	52.46

　　通过单因素方差分析，不同森林类型的降雨侵蚀力的消减能力有一定差异，显著性为 0.133。方差分析多重比较显示，落叶阔叶林与常绿阔叶 + 落叶

阔叶混交林、常绿阔叶林、暖性针叶林差异较大，显著性分别为 0.135，0.269，0.087。常绿阔叶 + 落叶阔叶混交林与常绿阔叶林、暖性针叶林的差异不明显，显著性分别为 0.693 和 0.824。常绿阔叶林和暖性针叶林的差异不明显，显著性为 0.538。也就是说，对于相同林龄的落叶阔叶林、常绿阔叶 + 落叶阔叶混交林、常绿阔叶林和暖性针叶林 4 种森林类型，不同森林类型林冠对降雨侵蚀力的消减能力存在一定差异，但差异不显著，特别是常绿阔叶 + 落叶阔叶混交林、常绿阔叶林和暖性针叶林。

第四章　林下枯落物层水文效应研究

枯落物层对水文过程的影响与枯落物组成、数量及分解速度等因素有关，不同森林类型的植物组成、生物学特性、林分发育、林分水平及垂直结构等对枯落物的性质均有很大影响［坦纳（Tanner. E. V. J），1980］。因此不同森林类型其枯落物的质和量具有明显差异，其持水性也不尽相同。研究对四面山地区常绿阔叶林、落叶阔叶林、常绿阔叶+落叶阔叶混交林及暖性针叶林4种主要森林类型林下枯落物水文特性进行对比，深入探讨了枯落物储量及其分解特性，分析了枯落物的持水过程及吸水速率等内容，以期从森林水文效应角度为三峡库区建设乔木树种选择提供借鉴和参考依据。

第一节　试验及研究方法

一、采样方法

在所选常绿阔叶林、落叶阔叶林、常绿阔叶+落叶阔叶混交林及暖性针叶林4种森林类型16个乔木样地坡面的坡上、坡中、坡下三个部位，各布设3个大小为50cm×50cm的枯落物采集样方。采样点示意如图4-1所示。

在样方内现场记录各层厚度，将未分解层（外观保持原始状态，基本未腐烂、未变色）、半分解层和已分解层（外观有明显腐烂破碎，发生腐变，颜色加深）枯落物分别收集。因已分解层与半分解层不易分离，故试验采取统一采集，称为分解层。

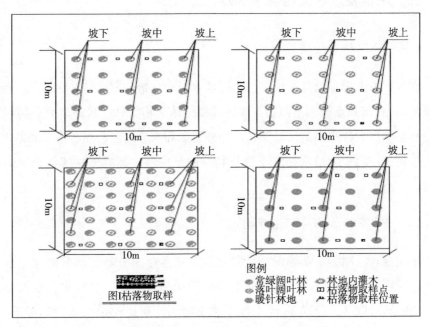

图4-1　森林枯落物层水文效应试验枯落物采样示意图

二、试验仪器设备

森林枯落物是覆盖在林地矿质土壤表面上的新鲜、半分解的植物凋落物，它是森林植物地上部分各器官的枯死、脱落物的总称。枯落物层作为影响水文过程的第二个功能层，在截持降雨、降低降雨侵蚀力、减少侵蚀量、拦蓄地表径流、减少土壤水分蒸发和增加土壤水分入渗等方面具有重要作用。

研究采用室外试验与室内实验相结合的办法。试验设计枯落物的水文功能通过分别在调查样地坡面的上部、中部和下部等3个部位布设3个枯落物采集样方，面积为50cm×50cm，并分别分层采集、处理枯落物。室外通过量尺量测枯落物各层厚度，室内采用浸泡法测定林下枯落物的持水量及其吸水速率。

所需试验设施、材料包括纱布袋（若干）、专用烘箱、水盆、秒表、电子天平、刻度尺等。

三、枯落物层水文特征观测及计算方法

（一）林下枯落物储量测定

在各样方上选定的具有代表性的标准木下为枯落物水文特征试验点（做 3 个重复）。在试验点挖掘枯落物剖面，并根据枯落物的分解状态区分分解层和未分解层，然后分别用量尺量测枯落物分解层和未分解层自然状态下的厚度。

采集单位面积的枯落物置于密封袋中进行称重，推算出枯落物单位面积储量。

（二）林下枯落物持水过程测定

采用浸水法测定枯落物的最大持水量。枯落物未分解层和分解层样本各取 30g 经烘干处理，分别装入事先准备好的同标准细孔纱布袋中，放入容器浸水 30min 后取出，静置 5min 至纱布袋不滴水，迅速称量枯落物的湿质量。再将纱布袋浸入水中，用相同的方法分别测定 1h，1.5h，2h，3h，4h，5h，6h，12h 和 24h 的枯落物湿质量。各时段枯落物湿质量与浸水前枯落物加上纱布袋的总干质量的差值为枯落物的时段吸水量。重复浸水试验 5 次。

（三）林下枯落物持水能力测定

一般将浸水 24h 后的枯落物含水量视为最大持水量（吴钦孝等，1998；张洪江等，2003；赵鸿雁等，1994）。

第二节　林下枯落物储量及其分解特性

一、林下枯落物储量特性

试验研究了常绿阔叶林、落叶阔叶林、常绿阔叶＋落叶阔叶混交林及暖

性针叶林 4 种典型植物群落林下枯落物的储量，如表 4 - 1 所示。

表 4 - 1 　　　　　　　　　　　典型植物群落林下枯落物储量

森林类型		落叶阔叶林	常绿阔叶 + 落叶阔叶混交林	常绿阔叶林	暖性针叶林
总储量（t/hm²）		21.99 ±3.36	19.68 ±3.74	19.98 ±5.42	20.14 ±3.96
未分解层	厚度（cm）	3.36 ±1.61	3.06 ±1.45	3.14 ±1.33	2.68 ±1.34
	储量（t/hm²）	7.65 ±1.58	7.48 ±1.70	8.02 ±2.64	8.25 ±2.26
	占比（%）	0.35	0.38	0.4	0.41
分解层	厚度（cm）	4.93 ±1.56	4.13 ±1.57	5.23 ±1.81	4.03 ±1.21
	储量（t/hm²）	14.34 ±1.78	12.20 ±2.04	11.96 ±2.79	11.88 ±1.70
	占比（%）	0.65	0.62	0.6	0.59
分解强度		1.87	1.63	1.49	1.44

据表 4 - 1 可知，从枯落物的总储量来看，落叶阔叶林林下枯落物最高，每公顷达 21.99t。暖性针叶林、常绿阔叶林及常绿阔叶 + 落叶阔叶混交林依次下降，每公顷分别为 20.14t，19.98t 和 19.68t。其中，枯落物未分解层的储量从大到小依次是暖性针叶林、常绿阔叶林、落叶阔叶林、常绿阔叶 + 落叶阔叶混交林，分别为 8.25t/hm²，8.02t/hm²，7.65t/hm²，7.48t/hm²。枯落物分解层的储量从大到小依次是落叶阔叶林、常绿阔叶 + 落叶阔叶混交林、常绿阔叶林、暖性针叶林，落叶阔叶林与常绿阔叶林、暖性针叶林的差异较大。

为了对比不同森林类型密实度，以单位厚度枯落物储量为密实度指标进行了计算，如表 4 - 2 所示。经计算，发现各森林类型的枯落物未分解层与分解层的密实度不同。其中，暖性针叶林未分解层和分解层密实度均最大，分别为 3.08 和 2.95。常绿阔叶林枯落物未分解层密实度仅次于暖性针叶林，其次依次为常绿阔叶 + 落叶阔叶混交林和落叶阔叶林。经方差分析发现，暖性针叶林的枯落物未分解层的密实度与其他三种森林类型有极显著差异。

表 4 - 2　　　　　　　　不同森林类型单位厚度枯落物储量

单位：t/hm² · cm

森林类型	总体	未分解层	分解层
落叶阔叶林	2.65	2.28	2.91
常绿阔叶 + 落叶阔叶混交林	2.74	2.44	2.95
常绿阔叶林	2.39	2.55	2.29
暖性针叶林	3.00	3.08	2.95

枯落物分解层的密实度与未分解层的密实度差异较大，从大到小依次是暖性针叶林和常绿阔叶 + 落叶阔叶混交林（2.95）、落叶阔叶林（2.91）、常绿阔叶林（2.29）。经方差分析发现，常绿阔叶林与其他 3 种森林类型的枯落物分解层的密实度差异显著。总体来说，各森林类型枯落物层密实度大小排序与枯落物分解层的排序一致，暖性针叶林、常绿阔叶 + 落叶阔叶混交林、落叶阔叶林、常绿阔叶林。这说明阔叶林林下枯落物层的密度较低，能够容纳更多的水分，可起到更好的缓洪削峰的作用。

通过相关分析发现，枯落物的厚度与枯落物的储量呈线性正相关关系，$y = 2.537x + 0.533$，$R^2 = 0.768$，即枯落物储量越高，枯落物层的厚度越厚。

对比枯落物的组成，常绿阔叶林、暖性针叶林枯落物未分解层占总储量的比例较高，分别为 0.40 和 0.41，落叶阔叶林最低，仅为 0.35。这主要与常绿阔叶林、暖性针叶林枯落物的年季产量和分解速率有关。

二、林下枯落物分解特性

据对 4 种主要森林类型林下枯落物状况的调查结果，落叶阔叶林和常绿阔叶 + 落叶阔叶混交林下枯落物的分解强度是最大的，分别达 1.87 和 1.63。原因主要是枫香、南酸枣和栎类等落叶阔叶植物的枝叶分解速率较高。而常绿阔叶林、暖性针叶林下枯落物分解强度较落叶阔叶林低，分解强度分别为 1.49 和 1.44。对相同地区而言，水热条件相近，不同森林类型枯落物分解能力产生较大差异的原因主要在于植物枝、叶、干等部分的单宁、蜡质类物质等含量不同。由于单宁、蜡质类物质对水分及菌类有隔离作用，所以直接影响着枯落物的分解速度。相同条件下，单宁、蜡质类物质含量越高，枯落物越不易分解。据相关学者研究发现，暖性针叶林的枯落物中单宁、蜡质类物质较阔叶林高，因此表现在枯落物的分解速度上，针叶林则较慢。

第三节　林下枯落物持水特性

枯落物层的吸持水量在森林水文循环中的意义在于其对林冠下大气和土壤之间水分和能量传输的影响。影响枯落物层持水量的主要因素有枯落物的数量、成分和种类。枯落物的成分和种类首先由枯落物的来源决定，即所属的植物及群落类型决定。同时枯落物按分解程度分为分解层和未分解层两类。分解层由于发生了物理化学反应，枯落物的性状及成分发生了一定的变化。因此，在枯落物持水能力分析中按不同森林类型分层分别分析。

一、林下枯落物持水过程

森林林下枯落物层的持水作用是一个动态变化的过程，其持水能力不仅与枯落物的数量和组成有关，而且受枯落物的湿润状况、降水过程等因素的影响。因此，对枯落物持水特征的研究，不能局限于单一地对比最大持水量差异，还需要关注枯落物持水过程的动态变化。

采用浸水法测定了四面山 4 种主要森林类型林下枯落物的持水过程，结果如图 4-2、图 4-3 所示。

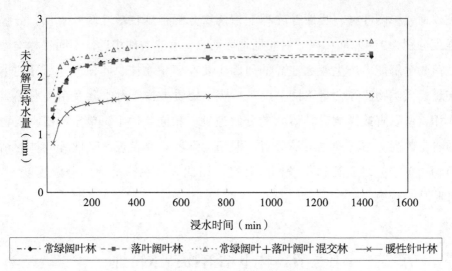

图 4-2 主要森林类型林下枯落物未分解层持水过程

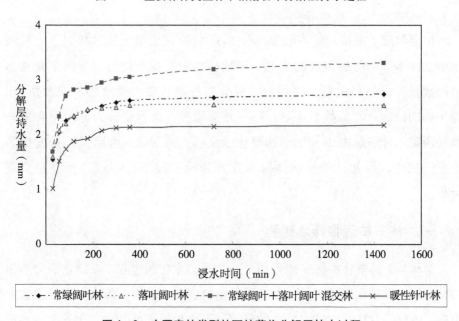

图 4-3 主要森林类型林下枯落物分解层持水过程

（一）林下枯落物未分解层持水过程

据图 4-2 可知，就枯落物未分解层的持水过程来看，阔叶林的持水过程与针叶林差异较为显著，3 种阔叶林林下枯落物持水量约为暖性针叶林的

1.5～2倍。在30min时，常绿阔叶＋落叶阔叶混交林最大（1.69mm），其次依次为落叶阔叶林（1.43mm）、常绿阔叶林（1.29mm）、暖性针叶林（0.85mm）。常绿阔叶＋落叶阔叶混交林在2h左右枯落物持水量趋于稳定达到2.31mm，而落叶阔叶林、常绿阔叶林和暖性针叶林3种森林类型林下枯落物的持水量在浸水时长3h左右基本达到饱和，分别达到2.18mm，2.18mm，1.53mm。

在浸水试验过程中，除在180min左右常绿阔叶林林地的林下枯落物持水量稍大于落叶阔叶林外，其他时段都是常绿阔叶＋落叶阔叶混交林＞落叶阔叶林＞常绿阔叶林＞暖性针叶林。浸水24h时，各森林类型林下枯落物持水量达到最大，常绿阔叶＋落叶阔叶混交林为2.61mm，落叶阔叶林为2.39mm，常绿阔叶林为2.34mm，暖性针叶林为1.68mm。

结果表明，阔叶林林下枯落物未分解层具有较好持水性，能够更为有效地截留降水。就枯落物未分解层持水性质来看，阔叶林与针叶林的持水性质也具有显著的差异。主要原因是未分解层的枯落物基本还保持着枝叶原有的持水能力。阔叶林林下未分解的枯落物密度较低，相对具有更充足的容水空间，加之阔叶林的枯落物自身吸水能力相对针叶林更强，所在浸水的初始阶段就表现出较强的持水能力。

（二）林下枯落物分解层持水过程

据图4-3可知，阔叶林的林下枯落物分解层持水过程与针叶林差异较为显著，3种阔叶林林下枯落物持水量约为暖性针叶林的1.6倍。在30min时，常绿阔叶林最大（1.69mm），其次依次为常绿阔叶＋落叶阔叶混交林（1.60mm）、落叶阔叶林（1.54mm）、暖性针叶林（1.02mm）。常绿阔叶＋落叶阔叶混交林在3h左右枯落物持水量趋于稳定，达到2.46mm，而常绿阔叶林、落叶阔叶林和暖性针叶林3种森林类型林下枯落物的持水量在浸水时长5h左右基本达到饱和，分别达到2.59mm，3.02mm，2.12mm。

在浸水试验过程中，除在120min左右常绿阔叶＋落叶阔叶混交林的林下枯落物持水量稍大于落叶阔叶林外，其他时段都是常绿阔叶林＞落叶阔叶

林 > 常绿阔叶 + 落叶阔叶混交林 > 暖性针叶林。浸水 24h 时,各森林类型林下枯落物持水量达到最大,常绿阔叶林为 3.31mm,落叶阔叶林为 2.74mm,常绿阔叶 + 落叶阔叶混交林为 2.54mm,暖性针叶林为 2.17mm。

结果表明,阔叶林林下枯落物分解层具有较好持水性,能够更为有效地截留降水。经方差分析,4 种森林类型的林下枯落物分解层的持水过程有显著的差异,且常绿阔叶林与暖性针叶林差异最为显著。经分析,林下枯落物分解层厚度越厚,持水量越大。

(三)林下枯落物持水模型模拟

经对枯落物浸水时间与持水量进行回归分析,得出二者的线性关系(见表 4 - 3)为 $Q = a\ln(t) + b$,式中,a 和 b 为枯落物持水经验模型的系数。

表 4 - 3　　　　　　　　　　枯落物浸水时间与持水量关系式

森林类型	未分解层		分解层	
	关系式	R^2	关系式	R^2
落叶阔叶林	$Q = 0.24\ln t + 1.79$	0.861	$Q = 0.29\ln t + 2.03$	0.847
常绿阔叶 + 落叶阔叶混交林	$Q = 0.20\ln t + 2.08$	0.829	$Q = 0.22\ln t + 2.06$	0.737
常绿阔叶林	$Q = 0.25\ln t + 1.77$	0.760	$Q = 0.37\ln t + 2.34$	0.838
暖性针叶林	$Q = 0.20\ln t + 1.22$	0.806	$Q = 0.28\ln t + 1.54$	0.786

据表 4 - 3 可知,落叶阔叶林模型拟合的结果最为理想,未分解及分解层的决定系数 R^2 均高于 0.80。通常情况下,枯落物在初始阶段的持水能力往往决定了其在整个持水过程中的持水能力。故可根据常数项的大小,结合模拟模型对枯落物持水能力做出基本判断。

二、林下枯落物吸水速率

森林林下枯落物的持水量直观地反映了其持水能力的大小,而枯落物吸水速率的变化作为持水量的补充,可以很好地反映枯落物持水能力的变化趋势。枯落物的吸水速率常以单位时间内枯落物的持水深变化量表示，即从浸水开始，指定时间内枯落物吸持水分的速度。

（一）枯落物未分解层吸水速率

研究测定了4种主要森林类型林下枯落物未分解层吸水速率，如图4-4所示。

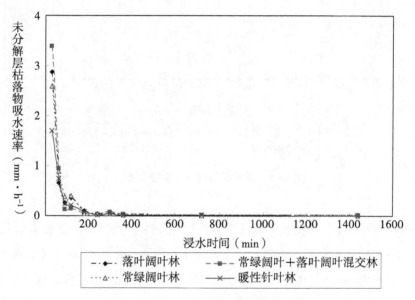

图4-4　林下枯落物未分解层吸水速率

据图4-4可知，就林下枯落物未分解层在浸水初始阶段的吸水速率来看，阔叶林显著高于针叶林。在0.5h时，常绿阔叶+落叶阔叶混交林为3.38mm/h最高，落叶阔叶林和常绿阔叶林次之，分别为2.87mm/h和2.59mm/h，而暖性针叶林的吸水速率最低，仅为1.70mm/h。0.5h往后，各群落均出现较大幅度的下降，至3h时，基本接近饱和状态，仅为0.04～0.10mm/h。

（二）枯落物分解层吸水速率

研究测定了4种主要森林类型林下枯落物分解层吸水速率，如图4-5所示。

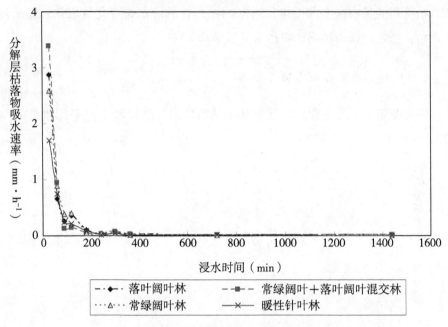

图 4 – 5　林下枯落物分解层吸水速率

据图 4 – 5 可知，就林下枯落物分解层在浸水初始阶段的吸水速率来看，阔叶林依然具有较大吸水速率，且显著高于针叶林。在 0.5h 时，常绿阔叶林最高，为 3.39mm/h，落叶阔叶林和常绿阔叶＋落叶阔叶混交林略低，分别为 3.08mm/h 和 3.20mm/h，暖性针叶林最低，仅为 2.04mm/h。分解层针叶林枯落物的吸水速率相比未分解层有了较大幅度的提高，主要原因是枯落物已经开始发生分解，针叶林枯落物含蜡质较多，这使得其在分解过程中的理化性质发生了一定变化。至 3h 时，吸水速率基本接近饱和状态，仅为 0.03 ～ 0.15mm/h。在 5h 或 6h 之后，基本达到饱和状态。

（三）枯落物吸水速率模型模拟

对枯落物持水经验函数 $Q = a\ln (t) + b$ 进行求导，得到枯落物吸水速率 (v) 与浸水时间 (t) 关系为 $v = kt^{-1} + c$，式中：k 和 c 为吸水速率经验模型的系数。将所研究的 4 种主要森林类型未分解层和枯落物分解层吸水速率

与浸水时间的实测数据代入，按照经验模型 $v = kt^{-1} + c$ 进行回归拟合，结果
如表 4 - 4 所示。决定系数均大于 0.90，说明该经验模型对于枯落物吸水速率
模拟效果较好，具有较强的适用性和代表性。

表 4 - 4　　　　　　　枯落物吸水速率与浸水时间关系式

森林类型	未分解层		分解层	
	关系式	R^2	关系式	R^2
落叶阔叶林	$v = 1.41t^{-1} - 0.31$	0.916	$v = 1.56t^{-1} - 0.32$	0.944
常绿阔叶 + 落叶阔叶混交林	$v = 1.69t^{-1} - 0.41$	0.904	$v = 1.61t^{-1} - 0.36$	0.932
常绿阔叶林	$v = 1.33t^{-1} - 0.25$	0.963	$v = 1.76t^{-1} - 0.33$	0.967
暖性针叶林	$v = 0.89t^{-1} - 0.16$	0.971	$v = 1.09t^{-1} - 0.17$	0.980

假设枯落物持水达到饱和，则吸水速率应接近于 0。将 $v = 0$ 带入拟合的
经验模型，即可得到枯落物分解层和未分解层吸水达到饱和所需要的时间。
计算结果表明，林下枯落物未分解及分解层 5 ~ 7h 可以达到饱和。这一结果
与实测值基本一致，阔叶林达到饱和需 5 ~ 6h，针叶林饱和需 5 ~ 7h，所需
时间相差不多。

三、林下枯落物持水能力

枯落物的持水能力多用干物质的最大持水量来表示，多数研究结果（张
洪江等，2003；王云琦等，2004）认为，枯枝落叶吸持水量可达自身干质量
的 2 ~ 4 倍。最大持水量表征了枯落物对水的拦截和保持作用，即当降雨量或
来水量小于最大持水量，在一定时间内枯落物层将发挥自身的拦截和保水作
用，此时既不会产生积水形成径流，也不会发生水分下渗。当降水量或来水
量大于最大持水量时，枯落物将没有能力继续增加持水量，不会再增加持水，
大于最大持水量的部分或下渗进入土壤成为土壤水，或由于来水速率大于下
渗速率而产生积水形成径流。

研究采用浸水法测定了 4 种典型植物群落林下枯落物的最大持水量，如

表4-5所示。根据试验结果可知，总体来看，3种阔叶林林下枯落物的最大持水量远远大于暖性针叶林林下枯落物的最大持水量，且常绿阔叶林＞常绿阔叶＋落叶阔叶混交林＞落叶阔叶林＞暖性针叶林。其中，落叶阔叶林与常绿阔叶＋落叶阔叶混交林的林下枯落物最大持水量相近。

表4-5 典型植物群落林下枯落物最大持水量

森林类型	未分解层		分解层		总体	
	mm	m³/t	mm	m³/t	mm	m³/t
落叶阔叶林	2.39	3.1	2.74	1.9	5.13	2.3
常绿阔叶＋落叶阔叶混交林	2.61	3.5	2.54	2.1	5.15	2.6
常绿阔叶林	2.34	2.9	3.31	2.8	5.65	2.8
暖性针叶林	1.68	2.0	2.17	1.8	3.85	1.9

林下枯落物未分解层最大持水量与总体枯落物最大持水量规律相近，但不完全相同。从阔叶林和针叶林的比较来看，未分解层最大持水量与枯落物层整体的最大持水量规律一致，均为阔叶林＞针叶林，且差异显著。特别是常绿阔叶＋落叶阔叶混交林高达2.61mm，而暖性针叶林仅为1.68mm。就未分解层每吨枯落物最大持水量来看，落叶阔叶林和常绿阔叶＋落叶阔叶混交林较高，都超过了3.0m³/t，暖性针叶林最低，仅为2.0m³/t。

据表4-5可知，常绿阔叶林林下枯落物分解层最大持水量为3.31mm，为最高，落叶阔叶林和常绿阔叶＋落叶阔叶混交林相近，分别为2.74mm和2.54mm，暖性针叶林最低，仅为2.17mm。枯落物分解层最大持水量与未分解层最大持水量的规律不同。这说明枯落物层分解程度的高低对枯落物的持水能力影响很大。将枯落物分解强度与每吨枯落物最大持水量变化率进行皮尔逊相关分析，相关系数为0.843，在95%的置信水平下具有显著的相关关系，可见枯落物的分解程度对其最大持水量具有显著的影响。

据表4-2和表4-5可知，枯落物的最大持水量的多寡与枯落物的储量、厚度、比密实度等有一定的关系。经分析发现，枯落物的最大持水量与储量和密实度的关系不显著，但与枯落物的厚度呈线性正相关关系，$y = 0.4x +$

0.95，$R^2 = 0.62$。说明枯落物越厚，枯落物最大持水量越大。而枯落物储量与厚度呈线性正相关关系。因此，可以推断在一定范围内枯落物的储量越大，枯落物层越厚，枯落物的持水能力越大。

对比4种主要森林类型林下枯落物层的综合最大持水量，结果表明阔叶林林下枯落物层具有明显较高的水分截持能力，约为针叶林的1.5倍。每吨枯落物最大持水量在阔叶林和针叶林间差异较为显著，暖性针叶林仅为 $1.9m^3/t$，阔叶林为 $2.2 \sim 2.8m^3/t$，阔叶林间的差异不显著。据此可以得出，阔叶林的枯落物层具有较好的截持水分的能力，能够相对高效地吸持穿透降水，保护林地表层土壤。

第五章　森林土壤层水文效应研究

森林土壤层的水分储存为森林的重要水文功能之一。土壤层的水文效应研究主要包括水分储存能力和水分入渗能力等影响水分运动过程的土壤特性，它随森林类型不同而存在一定差异性。对三峡库区紫色砂岩地主要森林类型土壤层持水能力和渗水能力进行研究，深入分析不同森林类型林下土壤层对水分运动过程的影响，研究三峡库区紫色砂岩地森林土壤水文效应，成果可为三峡库区森林水文效应研究及林地建设提供理论依据。

第一节　试验及研究方法

一、采样方法

依照前述选择常绿阔叶林、落叶阔叶林、常绿阔叶+落叶阔叶混交林及暖性针叶林这4种森林类型，16个试验样地的坡面上部、中部和下部随机挖取3个土壤剖面。按0～20cm，20～40cm和40～60cm这3个土层厚度分别采集土壤样品，共采集土样96个。0～20cm混合土样的采集：在样地内，以"S"形路线，选取7个采样点，取0～20cm土样，经充分混合后，以四分法取约1kg待测土样。共采集混合土样12个。土样采集点示意如图5-1所示。

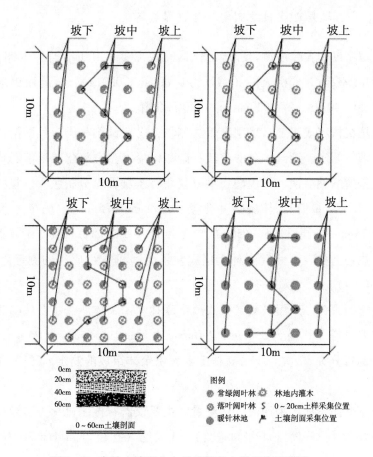

图 5－1 森林土壤层水文效应研究土样采集示意图

二、试验仪器设备

（一）土壤层水文特征测定试验仪器设备

常用土壤水分特征曲线的测定方法有张力计法、压力膜仪法、砂芯漏斗法和平衡水汽压法等。本研究使用 Soil Moisture 公司生产的 1500F1 型 15bar 压力膜仪，测定脱湿过程的土壤水分特征曲线。

此外，试验选用 ST－70A 型土壤水分渗透仪、渗透仪专用环刀、100ml 量筒、马氏瓶、秒表的仪器设备，用于定水头测定饱和导水率。

（二）土壤层理化性质测定试验仪器设备

土壤密度和孔隙度测定：所需仪器设备主要有 $100cm^3$ 环刀（带盖）、平底试验用搪瓷盘、分析天平（感量为 0.001g 和 0.01g）、试验用铝盒（正方形，直径约 40mm，高约 20mm）、电恒温烘箱。

土壤机械组成测定：采用吸管法测量，需要试剂种类有盐酸溶液、氢氧化钠溶液、氨水、钙红、硝酸溶液、硝酸银溶液、过氧化氢溶液、草酸钠溶液、六偏磷酸钠溶液、异戊醇；主要仪器有土壤颗粒分析吸管、搅拌棒、沉降筒（1L 平口量筒）、土壤筛（孔径 2mm/1mm/0.5mm）、洗筛（直径 6cm，孔径 0.25mm）、硬质烧杯（50mL）、温度计（±0.1℃）、真空干燥器、电热板、电烘箱、秒表等 [《森林土壤颗粒组成（机械组成）的测定》（LY/T 1225—1999）]。

土壤团聚体：采用机械筛分法测定森林大团聚体所需主要仪器为团粒分析仪（每套筛子孔径为 5.0mm，2.0mm，1.0mm，0.5mm，0.25mm，在水中上下振荡每分钟 30 次）[《森林土壤大团聚体组成的测定》（LY/T 1227—1999）]。

土壤微团聚体：采用吸管法测量，主要仪器有振荡机、土壤颗粒分析吸管、搅拌棒、沉降筒（1L 平口量筒）、土壤筛（孔径 2mm/1mm/0.5mm）、洗筛（直径 6cm，孔径 0.25mm）、硬质烧杯（50mL）、温度计（±0.1℃）、真空干燥器、电热板、电烘箱、秒表等 [《森林土壤微团聚体组成的测定》（LY/T 1226—1999）]。

土壤有机碳：采用重铬酸钾氧化—外加热法。需要试剂主要有重铬酸钾溶液、硫酸亚铁溶液、浓硫酸、苯基邻氨基苯甲酸指示剂、碳酸钠溶液、邻啡啰琳指示剂；主要仪器有调温电炉、温度计（250℃）、硬质试管（25 × 100mm）、油浴锅（内装固体石蜡或者植物油）、铁丝笼（大小和形状与油浴配套，内有若干小格，每格内可插入一支试管）、锥形烧瓶（250mL）[《森林土壤有机质的测定及碳氮比的计算》（LY/T 1237—1999）]。

三、土壤层水文特征观测及计算方法

（一）含水量及孔隙度测定

依据相关标准，在野外用环刀采取土样后，在试验室完成测定。环刀取样后称重（m_1），吸水后称重（m_2），将环刀置于铺有干砂的平底盘中12h后称重（m_3），将环刀持续放在平底盘中12h后称重（m_4），将环刀放入105℃烘箱至恒重（m_5），称取环刀重（m_6），则

$$P(\%) = [(m_2 - m_5)/V] \times 100\% \tag{5-1}$$

$$P_1(\%) = [(m_3 - m_5)/V] \times 100\% \tag{5-2}$$

$$P_2(\%) = P - P_1 \tag{5-3}$$

式中，V——环刀体积；

P——土壤总孔隙度；

P_1——土壤毛管孔隙度；

P_2——土壤非毛管孔隙度。

（二）土壤渗透性测定

（1）室内法

室内采用环刀法测定土壤的渗透性能。在试验场地用环刀取原状土带回室内浸水12h，到预定时间将环刀取出，在上端套一空环刀，接口处先用胶布封好，再用熔蜡黏合，严防从接口处漏水。然后将处理好的环刀放在漏斗上，用烧杯承接水，向空环刀中加水，水层保持在5cm。加水后从漏斗滴下第一滴水时开始计时，每隔2min测量漏斗下烧杯里的出渗水量Q_i，同时保持上面环刀中水层的高度不变，则$V(\text{mm/min}) = (10 \times Q_n)/(T_n \times S)$。式中，$V$为渗透速度，$T_n$为每次渗透间隔时间（min），$Q_n$为间隔时间内渗透水量（mm），$S$为渗透面的横断面积（$\text{cm}^2$）。

$$K = V \times [L/(h + L)] \tag{5-4}$$

式中，K——渗透系数；

L——土层厚度（cm）；

h——水层厚度（cm）。

（2）室外法

迄今为止，双环入渗试验仍是森林水文和水土保持研究中确定土壤入渗过程最普遍采用和最简便的方法。双环入渗试验操作简单，而且更重要的是其入渗过程几乎只与土壤物理性状（孔隙率、含水量和孔隙形状等）直接有关，也几乎不直接与坡度发生作用，故其指标能单一地反映不同林分的土壤入渗性能相对值（王玉杰等，2006）。

双环法进行土壤水分入渗速率的测定使用的是外环直径为15cm、内环直径为8.5cm 的双环入渗仪，内、外环高度均为30cm。试验过程中内、外环打入土壤的深度均为10cm，保持内外环5cm 的入渗水头均匀供水，记录相应时间内环的水分入渗量，达到稳渗时为止。

双环入渗试验采用秒表计时，分层测定每层土壤的渗透性。每隔10min 记录一次渗入水量，每层重复做 3 次试验。试验过程中水温变化保持在20.8℃～21.5℃，土壤含水量在15.83%～18.76%。此状态下，水分温度与土壤含水量对土壤入渗的影响可忽略不计。

（三）土壤水分特征曲线

用压力膜仪（No.1500 15Bar）进行土壤水分特征曲线的测定。首先，使用高1cm、直径5cm 的专用环刀在常绿阔叶林、落叶阔叶林、常绿阔叶 + 落叶阔叶混交林及暖性针叶林 4 种主要森林类型的标准试验林地，按照 0 ～ 20cm，20 ～ 40cm 和40 ～ 60cm 的土壤深度分层取样。每层取 2 个重复，并将非扰动的土壤样品密封后带回室内。其次，将各土样加水饱和24h 后再放入压力膜仪中，依次设定不同压力值，即压力值为 0.1bar，0.3bar，0.5bar，1bar，1.5bar，2bar，3bar，4.5bar，6bar，12bar，15bar。每一压力一般在 2 ～ 3d 达到平衡，用电子天平（精度0.01g）称土样重。最后将土样放入105℃烘箱下烘烤12h，称干土质量。

按照式（5-5）计算每个土样不同压力下的土壤容积含水量。

$$V_i = \frac{(M_{wsi} - M_s)/\rho_w}{M_s/\rho_s} \times 100\% \qquad (5-5)$$

式中：V_i 为压力值 i 下某个土样的容积含水量（%）；M_{wsi} 为压力值 i 下某个土样的湿土质量（g）；M_s 为某个土样烘干土质量（g）；ρ_w 为水的密度（g/cm³）；ρ_s 为某个土样的土壤密度（g/cm³）。根据所测不同压力下土样的壤容积含水量可绘制土壤水分特征曲线图。

（四）土壤层理化性质测定方法

一般表征土壤物理特征的主要有土壤密度、孔隙度、机械组成、团聚体和微团聚体 5 个指标。土壤基本物理性质的差异，可以反映森林植物对其林下土壤的影响程度，并在一定程度上体现森林的水文效应。

（1）土壤机械组成测定

采用简易比重计法（中国科学院南京土壤研究所，1978）进行土壤机械组成测定。公式为：

$$D_1 = (D_0 - D') \pm D_T \qquad (5-6)$$

$$D = \frac{D_1}{m} \times 100\% \qquad (5-7)$$

式中：D 为小于某粒径的土粒含量；D_0 为比重计读数；D_1 为校正后比重；D' 为空白校正值；D_T 为温度校正值；m 为烘干土样重，单位为（g）。将相邻两粒径的土粒含量百分数相减，即为该两粒径范围内的粒级百分含量。土壤粒级分类标准很多，本研究采用国际制方法对研究区不同森林类型土壤粒级进行分类。

（2）孔隙度测定

本研究采用环刀浸透法测定土壤孔隙度（张洪江，2005）。采样方法与土壤密度测定采样方法相同。将用环刀采集完的土样带回室内，取下环刀上盖，将环刀放入盛水的搪瓷盘中，网孔一端向下，使其吸水 12h，从盘中取出环刀，盖上盖子，立即称重（m_1）。将称重后的环刀放置在铺有干砂的平底盘中12h，然后立即称重（m_2）；再将称量后的环刀继续放在平底盘中12h，最后

将环刀放入105℃烘箱烘烤至恒重（m_3），则各孔隙度计算公式为

$$P = \left[(m_1 - m_3)/V \right] \times 100\% \qquad (5-8)$$

$$P_1 = \left[(m_2 - m_3)/V \right] \times 100\% \qquad (5-9)$$

$$P_2 = P - P_1 \qquad (5-10)$$

式中，P——土壤总孔隙度（%）；

　　　P_1——土壤毛管孔隙度（%）；

　　　P_2——土壤非毛管孔隙度（%）；

　　　V——环刀体积（cm^3）。

（3）土壤密度测定

本研究采用环刀法（中国科学院南京土壤研究所，1978）测定土壤密度。先在试验样地内用修土刀修平土壤剖面，用一定容积的环刀（$100cm^3$）切割未搅动的自然状态土样。把装有土样的环刀两端削平，使环刀内土壤体积与环刀体积相等，加盖带回室内后，将土样全部转移到铝盒内后烘干称重。则土壤密度计算公式为

$$d_v = \frac{W_s}{V} \qquad (5-11)$$

式中，d_v——土壤密度（g/cm^3）；

　　　W_s——烘干土重（g）；

　　　V——环刀容积（cm^3）。

（4）土壤有机质测定方法

参考林业部门行业标准《森林土壤有机质的测定及碳氮比的计算》（LYT 1237—1999），采用稀释热—重铬酸钾容量法测定土层 i 的有机碳质量百分比（SOC_i，kg/m^2）。计算公式为

$$SOC_i = C_i \times D_i \times E_i \times (1 - G_i)/100 \qquad (5-12)$$

式中，C_i——土壤有机碳质量百分比（g/kg）；

　　　D_i——土壤密度（g/cm^3）；

　　　E_i——土层厚度（cm）；

　　　G_i——直径大于2mm的石砾所占的体积百分比（%）。

（5）土壤团聚体测定方法

在选定的试验样地内挖土壤剖面取土样后，采用机械筛分法测定土壤团聚体，计算公式为

$$A_w = \frac{m_w}{M_w} \times 100\%$$ （5 – 13）

式中，A_w——水稳性团聚体含量（%）；

　　　m_w——湿筛各级团粒质量（g）；

　　　M_w——湿筛试验土样总质量（g）。

（6）土壤微团聚体测定方法

采用吸管法进行土壤微团聚体测定，计算式为

$$X = \frac{g_0}{g} \times \frac{1000}{V} \times 100\%$$ （5 – 14）

式中，X——小于某粒径微团聚体含量百分数（%）；

　　　g_0——25ml 吸液中小于某粒径微团聚体重量（g）；

　　　g——样品烘干重（g）；

　　　V——吸管体积（ml）。

（五）土壤持水量计算方法

根据各层土层厚度与孔隙状况，可推算土壤各类孔隙的持水量 W（吴长文等，1995）：

$$W = 1000eh$$ （5 – 15）

式中，e——孔隙度（%）；

　　　h——计算土层厚度（m）；

　　　W——单位面积土壤的持水量（mm）。

（六）土壤饱和导水率计算方法

采用定水头法测定各土层土样的饱和导水率，计算公式为

$$K_s = \frac{V}{tA} \cdot \frac{L}{H}$$ （5 – 16）

式中，V——水分出流量（mm^3/min）；

L——土柱长度（mm）；

H——进口端水头（mm）；

A——土柱横截面积（mm^2）；

t——水分出流时间（min）。

第二节　土壤水分特征曲线及影响因素

一、土壤水分特征曲线

土壤水分特征曲线是研究土壤水分特性最重要和最基本的工具，它可以更直观地反映土壤水分的特性。根据上述方法测得不同森林类型各土层的土样在不同水吸力下的含水量，具体实测数据如表 5 - 1 所示。

根据表 5 - 1 中测定的不同压力值下的土壤容积含水量值，以土壤水吸力为坐标横轴，土壤容积含水量为纵轴，绘出不同森林类型各层土壤的水分特征曲线，如图 5 - 2 所示。

从图 5 - 2 中可以看出，不同森林类型土壤水分特征曲线变化趋势基本一致，均呈现出：在小于 0.3Mpa 的水吸力范围内，曲线陡直；在大于 0.3Mpa 的较宽范围内，曲线变化趋于平缓。并且在相同水吸力下，除常绿阔叶 + 落叶阔叶混交林外，其他森林类型的土壤容积含水量随土壤深度增加而减小。常绿阔叶 + 落叶阔叶混交林 20 ～ 40cm 土层的土壤容积含水量要高于 0 ～ 20cm 及 40 ～ 60cm 土层的土壤容积含水量。

通过分析发现，常绿阔叶林林下土壤田间持水量与其他 3 种森林类型林下土壤的田间持水量差异显著，95% 置信水平下显著性分别为 0.014，0.017，0.002。常绿阔叶林林下土壤田间持水量最大，为 22% ±0.03%，常绿阔叶 + 落叶阔叶混交林和落叶阔叶林其次，为 15% ±0.03% 和 14.6% ±0.03%，暖性针叶林最小，为 11.33% ±0.02%。

表 5-1　不同森林类型土壤水分特征曲线试验测定结果

森林类型	土壤深度（cm）	土壤水吸力（Mpa）												
		0.01	0.03	0.05	0.1	0.15	0.2	0.3	0.45	0.6	1.2	1.5		
落叶阔叶林	0～20	43.88	35.94	28.57	25.96	21.66	20.19	17.31	16.63	15.54	15.25	14.60		
	20～40	31.76	26.72	22.98	21.85	17.80	15.49	12.81	11.71	11.54	11.33	10.75		
	40～60	29.38	24.75	20.26	15.60	13.78	11.01	9.79	9.11	8.97	8.20	7.71		
常绿阔叶+落叶阔叶混交林	0～20	39.93	30.63	25.77	21.03	15.71	14.52	13.34	12.67	11.60	11.36	10.73		
	20～40	40.68	33.92	30.61	26.23	24.02	20.58	18.74	16.83	16.01	15.71	15.05		
	40～60	30.38	24.38	23.47	15.19	12.72	11.73	11.46	10.34	9.62	9.11	8.68		
常绿阔叶林	0～20	47.43	39.33	34.30	29.15	26.54	25.83	23.63	19.81	18.41	17.96	17.76		
	20～40	41.35	35.68	31.30	26.22	24.66	22.99	19.35	16.91	16.06	14.90	14.54		
	40～60	34.36	29.69	23.48	19.13	18.94	17.03	15.71	14.09	13.88	13.22	13.19		
暖性针叶林	0～20	26.06	23.37	19.81	17.70	15.94	15.69	14.55	13.41	11.13	10.74	10.34		
	20～40	20.52	19.63	17.44	14.88	13.19	13.08	11.96	11.10	10.33	7.45	6.98		
	40～60	24.22	17.95	14.04	12.03	9.85	9.97	8.89	8.19	8.31	5.68	5.79		

注：表中为土壤容积含水量（%）。

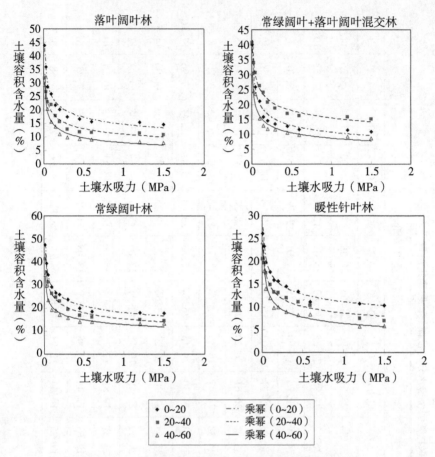

图 5 - 2 4 种主要森林类型各土层的土壤水分特征曲线

而从林下土壤饱和含水量来看，从大到小依次为常绿阔叶林（41.33% ± 0.07%）、常绿阔叶 + 落叶阔叶混交林（36.67% ± 0.06%）、落叶阔叶林（35.67% ± 0.08%）、暖性针叶林（24.0% ± 0.04%）。

在相同水吸力作用下，对不同森林类型相同土层的土壤水分特征曲线进行对比。分析发现，0 ~ 20cm 土层，常绿阔叶林的林下土壤含水量最高，其次是落叶阔叶林，常绿阔叶 + 落叶阔叶混交林和暖性针叶林林下土壤含水量较低。20 ~ 40cm 土层，常绿阔叶林和常绿阔叶 + 落叶阔叶混交林林下土壤含水量均较高且两者相差很小，其次是落叶阔叶林，暖性针叶林最低。40 ~ 60cm 土层，林下土壤含水量最高的是常绿阔叶林，其次是常绿阔叶 + 落叶阔叶混交林及落叶阔叶林，暖性针叶林林下土壤含水量最低。总体来看，不同森林类型林下土壤吸持水分的能力不同，常绿阔叶林最强，暖性针叶林最弱。

二、土壤水分特征曲线影响因素

（一）土壤质地对土壤水分特征曲线的影响

采用国际制对不同森林类型不同深度土壤进行质地划分，如表 5 - 2 所示，发现研究区多数森林类型林下土壤为砂质壤土，属于壤土类，通透性好。但由于建群植物种的生物学特征差异，以及林分结构和森林状况的差异，不同的森林类型土壤质地也会表现出不同。暖性针叶林和落叶阔叶林属砂质壤土。常绿阔叶 + 落叶阔叶混交林 0 ~ 20cm 的土壤质地为砂土及壤质砂土，属于砂土类，其他各层为砂质壤土。常绿阔叶林底层 40 ~ 60cm 为砂质黏壤土，属于黏土类，其他各层为砂质壤土。

表 5 - 2　　　　　　　　　不同森林类型土壤质地划分

森林类型	土壤深度（cm）	质地划分	黏粒含量（%）	粉粒含量（%）	砂粒含量（%）
落叶阔叶林	0 ~ 20	砂质壤土	11.13 ± 0.71	16.09 ± 0.41	72.78 ± 1.06
	20 ~ 40	砂质壤土	12.00 ± 1.26	20.66 ± 0.49	67.34 ± 0.82
	40 ~ 60	砂质壤土	10.65 ± 1.53	22.33 ± 1.13	67.02 ± 0.43
常绿阔叶 + 落叶阔叶混交林	0 ~ 20	砂土及壤质砂土	6.95 ± 0.92	5.05 ± 0.37	87.99 ± 1.26
	20 ~ 40	砂质壤土	10.88 ± 0.31	16.14 ± 0.94	79.96 ± 11.97
	40 ~ 60	砂质壤土	13.04 ± 0.21	15.46 ± 0.58	71.47 ± 0.39
常绿阔叶林	0 ~ 20	砂质壤土	13.43 ± 0.93	11.48 ± 1.43	75.08 ± 0.55
	20 ~ 40	砂质壤土	13.27 ± 1.23	10.07 ± 1.44	76.65 ± 0.23
	40 ~ 60	砂质黏壤土	15.58 ± 0.72	9.44 ± 0.84	74.98 ± 1.54
暖性针叶林	0 ~ 20	砂质壤土	7.14 ± 0.61	19.54 ± 0.46	73.32 ± 0.56
	20 ~ 40	砂质壤土	5.32 ± 1.23	21.90 ± 0.77	72.78 ± 0.78
	40 ~ 60	砂质壤土	7.10 ± 0.27	19.07 ± 0.72	73.82 ± 0.66

　　从土壤特性来说，不同质地的土壤特性不同。砂土类表现为砂粒含量超过 50%，粗粉粒少，黏粒含量小于 30%，土壤的粒间孔隙大，总孔隙度小，毛管作用弱，大孔隙多，土壤通透性良好，保水力差，有机质少，养分少，释放快，保肥能力差，热容量小，升温降温快，昼夜温差大。常绿阔叶 + 落叶阔叶混交林林下 0 ~ 20cm 土壤其土壤的粒间孔隙大，孔隙状况较差，毛管作用弱，土壤通透性良好，土壤水分通过非毛管孔隙迅速下渗，因此 0 ~ 20cm 土壤的土壤水分特征曲线与其他森林类型不同，其持水能力低于其下层土壤。

　　黏土类黏粒含量超过 30%。由于黏粒多，土壤粒间孔隙小，小孔隙多，孔隙度大，而且互相连通成为曲折的毛细管，因此，通透性差，保水力强，水分进入土壤时渗透慢，易积水。所以，常绿阔叶林林下地表 40cm 以下土壤粒间孔隙小，土壤渗透性差，相对表层土壤形成"不透水层"，而增强林下土壤的保水力。表现在土壤水分特征曲线上即是田间持水量和饱和持水量均高于其他森林类型。

　　而壤土类含粗粉粒多，砂粒含量亦较多，黏粒含量常低于 30%，性质介于砂土类和黏土类两者之间，兼有砂土和黏土的优点，是比较好的土壤。质地适中，孔隙度大，通透性适中，养分较多。暖性针叶林和落叶阔叶林林下，以及常绿阔叶 + 落叶阔叶混交林地表 20cm 以下和常绿阔叶林 0 ~ 40cm 表层土壤，保水力强，同时兼有良好的土壤通透性，同时又可以迅速汇集，以地下水的形式汇出。

　　为定量分析土壤质地对土壤水分特征曲线的影响，将土壤质地与不同水吸力下土壤容积含水量进行偏相关分析，相关系数值如表 5 – 3 所示。

表 5 –3　　　不同水吸力下土壤容积含水量与土壤质地的相关关系

吸力	砂粒	粉粒	黏粒
0.01	− 0.190	− 0.282	0.578
0.03	− 0.290	0.015	0.456
0.05	− 0.656*	0.200	0.688*
0.10	− 0.561	0.234	0.613*

续　表

吸力	砂粒	粉粒	黏粒
0.15	－ 0.534	0.24	0.591*
0.20	－ 0.549	0.163	0.657*
0.30	－ 0.499	0.110	0.654*
0.45	－ 0.528	0.074	0.710**
0.60	－ 0.394	－ 0.095	0.686*
1.20	－ 0.549	－ 0.059	0.835**
1.50	－ 0.525	－ 0.092	0.841**

注：* 表示相关性显著（$p < 0.05$）；** 表示相关性极显著（$p < 0.01$）。

据表 5 – 3 可知，当压力值大于 0.05MPa 时，土壤容积含水量（即土壤水分特征曲线）均与土壤黏粒含量呈显著正相关，且压力值越大相关性越高。土壤容积含水量与土壤砂粒含量仅在 0.05MPa 呈负相关，且相关系数为－0.656。而土壤容积含水量与土壤粉粒含量相关性不显著。

这与其他学者的研究结果一致。土壤质地是决定土壤孔隙状况的主要因素之一，黏粒含量越高的土壤，任何吸力下土壤容积含水量都较大（邵明安等，2007）。这是因为相同体积下，黏粒表面积最大，砂粒表面积最小，所以相同体积时黏粒吸持的水分较多。而除土壤颗粒的表面积外，土壤持水量还取决土壤的孔隙。砂粒含量较高的土壤，较易形成非毛管孔隙，重力水在土壤水分含量中占比例较高，但可保持的水分较少（杨金玲等，2006；付晓莉等，2008；吕殿青等，2009）。

综上所述，土壤质地对土壤水分特征曲线有显著影响，其中黏粒含量对土壤水分特征曲线的影响最显著。

（二）土壤密度对土壤水分特征曲线的影响

由于不同森林类型建群植物生物学具有一定差异，其生长过程对土壤密度的影响也不尽相同。所研究的 4 种森林类型林下 0～20cm，20～40cm 和 40～60cm 三个不同深度土层的土壤密度情况如表 5 – 4 所示。

表 5 - 4　　　　　　　　　　　不同森林类型土壤密度

单位: g/cm³

森林类型	土壤深度		
	0 ~ 20cm	20 ~ 40cm	40 ~ 60cm
落叶阔叶林	1.11 ± 0.10	1.21 ± 0.12	1.38 ± 0.11
常绿阔叶 + 落叶阔叶混交林	1.06 ± 0.07	1.15 ± 0.09	1.31 ± 0.14
常绿阔叶林	1.02 ± 0.08	1.11 ± 0.12	1.29 ± 0.12
暖性针叶林	1.24 ± 0.11	1.33 ± 0.10	1.46 ± 0.10

注: 表中数据以均值 ± 标准差表示, 下同。

在 95% 的置信水平下根据方差分析结果显示, 暖性针叶林林下各土层土壤密度与其他 3 种森林类型差异明显。0 ~ 20cm 土层, 暖性针叶林林下土壤密度最高, 为 $1.24g/cm^3$, 常绿阔叶林土壤密度最低, 仅为 $1.02g/cm^3$。20 ~ 40cm 暖性针叶林林下土壤密度为 $1.33g/cm^3$, 约为常绿阔叶林的 1.2 倍。40 ~ 60cm, 各森林类型林下土壤密度均达到最大值, 其中暖性针叶林最大, 落叶阔叶林其次, 其后为常绿阔叶 + 落叶阔叶混交林和常绿阔叶林。这说明相对于阔叶林林下土壤, 针叶林土壤结构更紧实, 紧实的土壤比疏松的土壤可容纳其他介质的空间小, 在吸力作用下土壤含水量较小。

经分析发现, 森林表层土壤密度较小, 这与森林类型表面枯落物储量及其分解状况有关。柳杉、杉木、马尾松等针叶植物, 林下枯落物体积较小, 个体分散度大, 而且含有较多的油脂, 不易分解。所以暖性针叶林土壤密度相对较大, 土壤结构性差, 透气透水性能差, 容易积水。南酸枣、檞栎、枫香、木姜叶柯、石栎、丝栗、栲树、城口枏叶树等阔叶植物, 其枯落物更容易分解, 因此 3 种阔叶林土壤密度相对较小, 土壤结构性和透气透水性能好, 利于根系生长和生物量的积累。研究的 4 种森林类型中, 常绿阔叶林土壤剖面中土壤密度随深度变化最大, 标准差为 0.137, 说明常绿阔叶植物对土壤密度的影响程度较高。

将土壤密度与不同水吸力下土壤容积含水量进行相关分析发现, 任何水吸力下土壤容积含水量均与土壤密度呈极显著负相关，水吸力为1.5MPa时相关性最大，如表5-5所示。也就是说，土壤水分特征曲线与土壤密度呈极显著负相关，吸湿过程的初期和脱湿过程的末期相关性最显著。在其他条件不变的情况下，土壤容积含水量随土壤密度增加而降低（杨金玲等，2006；邵明安等，2007；付晓莉等，2008；吕殿青等，2009）。

表5-5　　　　不同水吸力下土壤容积含水量与土壤密度的相关关系

相关因素	吸力					
	0.01	0.03	0.05	0.1	0.15	0.2
土壤密度	-0.614*	-0.744**	-0.838**	-0.845**	-0.869**	-0.887**

相关因素	吸力				
	0.3	0.45	0.6	1.2	1.5
土壤密度	-0.889**	-0.867**	-0.794**	-0.888**	-0.921**

注：*表示相关性显著（$p < 0.05$）；**表示相关性极显著（$p < 0.01$）。

（三）土壤孔隙度对土壤水分特征曲线的影响

对试验区4种森林类型的林下土壤孔隙度状况进行测定，不同森林类型土壤毛管孔隙度、非毛管孔隙度和总孔隙度随土壤深度的变化情况如表5-6所示。

表5-6　　　　　　　　不同森林类型土壤孔隙度

森林类型	土壤深度（cm）	毛管孔隙度（%）	非毛管孔隙度（%）	总孔隙度（%）
落叶阔叶林	0～20	40.65±5.38	15.81±3.39	56.46±2.25
	20～40	34.98±3.78	7.35±1.11	42.33±4.46
	40～60	36.78±2.83	3.97±0.71	40.75±3.44
常绿落叶＋落叶阔叶混交林	0～20	43.19±6.27	17.66±2.70	60.85±8.85
	20～40	40.92±6.23	8.64±1.81	49.56±5.45
	40～60	35.06±3.90	5.55±1.54	40.60±4.97

森林类型	土壤深度 （cm）	毛管孔隙度 （%）	非毛管孔隙度 （%）	总孔隙度 （%）
常绿阔叶林	0～20	44.36±7.62	16.18±2.95	60.54±8.68
	20～40	41.48±3.58	9.38±3.63	50.86±6.82
	40～60	38.39±4.89	6.71±1.48	45.09±3.63
暖性针叶林	0～20	36.64±3.96	11.83±1.80	48.47±2.48
	20～40	30.20±4.57	6.84±1.66	37.05±5.27
	40～60	27.91±2.36	5.39±0.67	33.30±2.83

20～40cm 土层，根据方差分析和多重比较结果，可将 4 种森林类型的土壤按其毛管孔隙度差异的显著性分为两级：第一级为常绿阔叶 + 落叶阔叶混交林、常绿阔叶林，其毛管孔隙度较高，为 35.18%～41.48%；第二级为落叶阔叶林、暖性针叶林，其毛管孔隙度较低，为 30.20%～34.98%。而 4 种主要森林类型林下土壤非毛管孔隙度差异不显著。

40～60cm 土层，毛管孔隙度方差分析和多重比较结果显示，落叶阔叶林和常绿阔叶林土壤具有较高毛管孔隙度，为 36.78%～38.39%，其次为常绿阔叶 + 落叶阔叶混交林，其土壤毛管孔隙度为 35.06%，暖性针叶林土壤毛管孔隙度较低，为 27.91%。非毛管孔隙度方差分析和多重比较结果显示，常绿阔叶 + 落叶阔叶混交林和常绿阔叶林土壤具有较高的非毛管孔隙度，为 5.55%～7.65%，落叶阔叶林土壤非毛管孔隙度较低，为 3.97%。

4 种森林类型土壤的总孔隙度在 20～40cm 和 40～60cm 土层也有所差异。20～40cm 土层中，常绿阔叶 + 落叶阔叶混交林和常绿阔叶林土壤总孔隙度为 49.56%～50.86%，显著高于落叶阔叶林和暖性针叶林。40～60cm 土层中，落叶阔叶林、常绿阔叶 + 落叶阔叶混交林以及常绿阔叶林土壤总孔隙度为 40.60%～45.09%，显著高于暖性针叶林。

孔隙度结果与土壤水分特征曲线对照发现，研究区土壤孔隙度分层变化与土壤水分特征曲线各层变化同向。为研究土壤孔隙度对土壤水分特征曲线的影响，将土壤孔隙度与不同水吸力下土壤容积含水量进行相关分析，相关系数值如表 5 - 7 所示。

表 5 - 7　　　　不同水吸力下土壤容积含水量与土壤孔隙度的相关关系

相关因素	吸力					
	0.01	0.03	0.05	0.1	0.15	0.2
毛管孔隙度	0.890**	0.928**	0.914**	0.857**	0.805**	0.766**
总孔隙度	0.870**	0.865**	0.837**	0.842**	0.759**	0.768**

相关因素	吸力					
	0.3	0.45	0.6	1.2	1.5	
毛管孔隙度	0.750**	0.706**	0.648*	0.698*	0.701**	
总孔隙度	0.761**	0.749**	0.678*	0.710**	0.708**	

注：** 表示相关性极显著（$p < 0.01$）。

据表 5 - 7 可知，不同水吸力下土壤容积含水量与孔隙度（总孔隙度和毛管孔隙度）呈极显著正相关关系。吸力小于 0.1MPa 时，总孔隙度和毛管孔隙度与含水量的相关关系最显著，随吸力值的增加，相关程度略有下降趋势。这意味着随着吸力值的增大，土壤孔隙度对土壤容积含水量的作用逐渐减小。这与以前的研究结果一致（杨弘等，2007；郑新军等，2009；张强等，2004；李小刚等，1994），在高吸力值下，土壤吸持水分子的能力更多地取决于土粒本身的性质，土壤通道的存在对其影响降低，导致孔隙度对其影响减小。

（四）土壤有机碳质量百分比对土壤水分特征曲线的影响

土壤有机质是在土壤生物作用下形成的一类含碳高分子化合物，包含植物、动物、微生物等的残体和分泌物。在计算土壤有机质含量时一般用土壤有机碳质量百分比代替。

本试验对研究区 4 种森林类型林下土壤分层进行了土壤有机碳含量测定试验，如表 5 – 8 所示。结果显示，各森林类型土壤有机碳质量百分比随着土壤深度的增加而减小。其中，落叶阔叶林变幅最大达 37.04g·kg^{-1}，常绿阔叶 + 落叶阔叶混交林变幅最小为 10.84g·kg^{-1}。

分层来看，各森林类型表层土壤（0～20cm）有机质含量最高，且落叶阔叶林与其他森林类型差异较大，从大到小依次是落叶阔叶林（48.19）、常绿阔叶 + 落叶阔叶混交林（28.80）、暖性针叶林（28.76）、常绿阔叶林（27.73）。由前所述，落叶阔叶林林下枯落物总储量和分解强度均最大。经相关分析，表层土壤有机质含量与枯落物层储量正相关，相关系数为 0.98，决定系数 0.96。表层土壤有机质含量与分解能力正相关，相关系数为 0.91，决定系数 0.84。

20～40cm 土层，土壤有机质含量从大到小依次是落叶阔叶林、常绿阔叶 + 落叶阔叶混交林、常绿阔叶林、暖性针叶林。40～60cm 土层，土壤有机质含量从大到小依次是常绿阔叶 + 落叶阔叶混交林、落叶阔叶林、暖性针叶林、常绿阔叶林。

表 5 – 8　　　　不同森林类型林下各土层土壤有机碳质量百分比

森林类型	土壤有机碳质量百分比（g/kg）			土壤有机碳密度（kg/m²）		
	0～20cm	20～40cm	40～60cm	0～20cm	20～40cm	40～60cm
落叶阔叶林	48.19	23.73	11.15	9.39	5.19	2.75
常绿阔叶 + 落叶阔叶混交林	28.80	18.78	17.96	5.36	3.88	4.40
常绿阔叶林	27.73	15.83	6.79	4.84	3.27	1.35
暖性针叶林	28.76	12.22	8.96	6.03	2.69	2.30

植被类型也是影响土壤有机碳质量百分比分布的重要因素。不同森林类型林下土壤有机碳密度也存在显著差异，说明植被类型、树种组成、乔灌草结构等对土壤有机碳质量百分比和土壤密度的作用明显，不同森林类型林下土壤有机碳质量百分比和有机碳密度，在很大程度上是由于树种组成对土壤

密度的影响造成的。

　　为分析土壤有机质含量对土壤水分特征曲线的影响，将土壤有机碳质量百分比与不同水吸力下土壤容积含水量进行相关分析，如表 5 - 9 所示。分析发现，土壤容积含水量随土壤有机碳含量减少而减少，呈正相关关系，且在低于土壤田间含水量以下呈极显著正相关关系。这是因为随着压力的增加，土粒间可储水空间的水分已经排出，土壤吸持水分子的能力更多地取决于土粒本身的性质，有机质能改变土壤的胶体状况，通过改变土壤结构使土壤的吸附作用增强，间接影响土壤水分特征曲线（任镇江，2011；曹崇文，2007）。因此，在高吸力值下，土壤有机碳质量百分比对土壤容积含水量的影响作用增强。

表 5 - 9　　不同水吸力下土壤容积含水量与土壤有机碳质量百分比的相关分析

相关因素	吸力					
	0.01	0.03	0.05	0.1	0.15	0.2
有机碳质量百分比	0.542	0.625*	0.285	0.414	0.357	0.431

相关因素	吸力				
	0.3	0.45	0.6	1.2	1.5
有机碳质量百分比	0.604*	0.756**	0.688*	0.801**	0.836**

注：*表示相关性显著（$p < 0.05$）；**表示相关性极显著（$p < 0.01$）。

（五）土壤团聚体含量对土壤水分特征曲线的影响

　　土壤团聚体是由胶体的凝聚、胶结和黏结作用相互联结的，土壤原生颗粒组成的，大小形状不一的，具有不同机械稳定性和水稳性的团聚体的综合（邵明安，2006）。本研究通过干筛试验、湿筛试验和吸管法为团聚体组成试验，测定得到研究区 4 种森林类型林下土壤团聚体组成状况（见表 5 - 10）和土壤微团聚体组成状况（见表 5 - 11）。

　　据表 5 - 11 可知，0.25 ～ 0.1mm 粒级的土壤微团聚体在总微团聚体含量中所占比例较大，常绿阔叶林各土层中该粒级微团聚体含量显著高于其他 3

表 5-10　不同森林类型土壤团聚体组成

单位: %

森林类型	土壤深度 (cm)	处理方法	土壤团聚体含量								
			>10mm	10~5mm	5~3mm	3~1mm	1~0.5mm	0.5~0.25mm	<0.25mm
落叶阔叶林	0~20	干筛	32.25	12.64	15.42	9.92	9.44	6.48	86.15
		湿筛	10.18	11.41	13.41	15.99	11.70	6.46	69.16
	20~40	干筛	35.94	12.84	14.87	9.51	8.09	7.66	88.91
		湿筛	7.56	13.16	15.45	14.25	13.54	7.58	71.54
	40~60	干筛	25.66	18.41	13.85	12.89	6.64	13.44	90.88
		湿筛	7.44	12.12	11.98	14.60	10.76	9.88	66.78
常绿阔叶+落叶阔叶混交林	0~20	干筛	36.18	13.00	9.93	13.88	7.98	5.72	86.68
		湿筛	13.88	13.00	11.12	18.92	12.30	5.36	74.58
	20~40	干筛	17.47	16.40	14.34	10.97	17.97	10.56	87.70
		湿筛	5.72	11.00	11.84	16.76	12.92	9.02	67.26
	40~60	干筛	18.21	15.04	14.00	15.60	11.42	12.93	87.20
		湿筛	2.90	10.28	11.32	14.30	12.80	11.82	63.42
常绿阔叶林	0~20	干筛	27.44	8.43	15.79	18.92	11.69	5.31	87.58
		湿筛	11.05	9.77	12.57	21.94	14.82	6.14	76.30
	20~40	干筛	21.61	14.61	12.99	17.24	12.68	7.24	86.37
		湿筛	5.23	9.36	11.35	14.32	14.84	11.86	66.96

续　表

森林类型	土壤深度（cm）	处理方法	土壤团聚体含量						
			>10mm	10～5mm	5～3mm	3～1mm	1～0.5mm	0.5～0.25mm	<0.25mm
常绿阔叶林	40～60	干筛	16.93	15.47	14.94	16.38	12.18	12.60	88.50
		湿筛	5.20	8.59	11.95	16.72	13.58	9.02	65.06
	0～20	干筛	8.60	11.21	6.27	23.45	15.14	14.25	78.92
		湿筛	2.62	6.74	6.76	12.70	15.87	8.87	53.56
暖性针叶林	20～40	干筛	9.51	14.64	15.81	17.33	14.06	11.95	83.31
		湿筛	2.52	7.54	9.76	13.81	16.67	4.94	55.24
	40～60	干筛	6.41	9.99	18.88	14.51	16.69	16.10	82.56
		湿筛	1.97	4.91	9.54	12.72	11.24	11.52	51.90

表5－11　不同森林类型土壤微团聚体组成

单位：%

森林类型	土壤深度（cm）	土壤微团聚体含量					
		0.25～0.1mm	0.1～0.05mm	0.05～0.01mm	0.01～0.005mm	0.005～0.001mm	<0.001mm
落叶阔叶林	0～20	45.51±4.57	16.55±3.79	15.48±2.96	2.79±0.71	2.60±1.43	1.72±0.43
	20～40	45.35±5.83	19.94±5.52	12.44±0.61	1.82±0.62	3.92±0.43	1.15±0.21
	40～60	39.10±16.25	30.49±20.35	11.55±0.6	1.98±0.41	2.48±0.37	0.56±0.13

续 表

森林类型	土壤深度 (cm)	土壤微团聚体含量					
		0.25~0.1mm	0.1~0.05mm	0.05~0.01mm	0.01~0.005mm	0.005~0.001mm	<0.001mm
常绿阔叶+落叶阔叶混交林	0~20	29.96±8.39	39.92±16.94	1.39±0.19	1.21±0.13	1.30±0.23	1.28±0.25
	20~40	47.95±2.76	11.21±0.67	12.92±0.51	2.60±1.14	3.13±0.78	0.83±0.56
	40~60	41.49±1.26	19.67±0.71	20.97±0.92	0.60±0.46	1.82±0.69	0.52±0.38
常绿阔叶林	0~20	62.22±4.92	22.78±6.57	6.78±1.34	1.81±0.53	1.47±0.20	0.52±0.05
	20~40	63.89±2.35	20.68±3.16	5.01±0.82	0.68±0.35	0.97±0.52	0.95±0.36
	40~60	55.73±8.03	32.91±4.63	4.71±3.20	1.12±0.10	1.53±1.12	0.69±0.43
暖性针叶林	0~20	27.68±0.69	31.11±1.75	20.38±3.27	6.70±1.23	6.83±0.44	2.01±0.20
	20~40	35.31±0.88	18.82±5.38	29.55±4.23	4.54±0.92	6.92±0.91	1.04±0.61
	40~60	44.61±4.55	11.92±0.96	25.25±2.87	5.39±0.21	7.62±0.51	1.24±0.93

种森林类型，0～20cm，20～40cm 以及 40～60cm 土层土壤微团聚体含量分别为62.22%，63.89%和55.73%。0.1～0.05mm 粒级的土壤微团聚体含量，常绿阔叶林较高于其他3种森林类型。小于0.05mm 粒级的土壤微团聚体含量，暖性针叶林显著高于其他森林类型，常绿阔叶林最低。

据表5-10 中的干筛试验结果可知，3种类型阔叶林林地土壤团聚体中以大于10mm 的团聚体含量占比最大，而暖性针叶林林地土壤中5～1mm 的土壤团聚体占比在各土层中最多。

从湿筛结果来看，随着土层深度的增加，土壤团聚体的稳定性也在递减。特别是土壤大于10mm 的团聚体的稳定性较差，浸水过程中发生不同程度的破坏，形成不同径级的水稳性团聚体。分析发现，浸水后，小于0.25mm 径级的团聚体结构稳定性明显增加，增幅最小的为常绿阔叶林和常绿阔叶+落叶阔叶混交林的0～20cm 土层，约为0.91 倍。增幅最大的为落叶阔叶林的40～60cm 土层，约为2.64 倍。

经分析发现，这种土壤团聚体稳定性的变化，对于土壤结构的影响较大。即干燥时，土壤的大团聚体数量多，容易形成较大的土壤孔隙，土壤结构疏松；当降雨历时较长或降雨量较大形成一定的积水时，土壤长时间浸于水中，土壤团聚体发生失稳，团聚结构发生变化。随着土壤大粒径的团聚体减少，土壤中的大孔隙数量也相应减少，土壤下渗能力下降，但保水能力增强。

为分析团聚体含量对土壤水分特征曲线的影响，将大于0.25mm 团聚体含量与不同水吸力下土壤容积含水量进行偏相关分析，相关系数值如表5-12 所示。

表5-12　不同水吸力下土壤容积含水量与土壤团聚体含量的偏相关系数

相关因素	吸力					
	0.01	0.03	0.05	0.1	0.15	0.2
>0.25mm 团聚体含量	-0.074	0.106	0.383	0.226	0.519	0.659*

相关因素	吸力				
	0.3	0.45	0.6	1.2	1.5
>0.25mm 团聚体含量	0.728**	0.748**	0.640*	0.621*	0.604*

注：* 表示相关性显著（$p < 0.05$）；** 表示相关性极显著（$p < 0.01$）。

据表5-12可知，不同水吸力下土壤容积含水量与大于0.25mm团聚体含量呈显著正相关。这是由于土壤团聚作用使土壤大孔隙相对增加，团聚体内部也存在部分孔隙与连接通道，使得土壤结构中孔隙含量变化较大，可保持的水分增多。土壤中大于0.25mm团聚体含量的增加，改善了土壤结构，增加了土壤孔隙度，有利于水分的保持，从而使土壤容积含水量增加（Agam et al.，2006；Zangvil，1996；马祥华等，2004；马祥华等，2005；Greenland，1961）。

（六）不同森林类型土壤水分特征曲线特性

研究对不同森林类型的林下土壤分层进行了部分吸力值下含水量测定，如表5-13、表5-14、表5-15所示。结果显示，吸力值0.01Mpa时为失去重力水后的土壤容积含水量，1.5Mpa时近似为土壤滞留含水量，土壤水分特征曲线趋势在0.1Mpa和0.6Mpa时发生了两次突变。因此，研究以0.2Mpa和0.45Mpa代表0.1～0.6Mpa区间段内曲线走势，以0.01～1.5Mpa土壤水分变化值为0.01Mpa时土壤容积含水量与1.5Mpa时土壤容积含水量的差值。

表5-13　不同森林类型0～20cm层土壤部分吸力值下含水量测定结果

单位:%

森林类型	0.01～1.5Mpa 土壤水分变化值	土壤水吸力（Mpa）					
		0.01	0.1	0.2	0.45	0.6	1.5
落叶阔叶林	29.28	43.88	25.96	20.19	16.63	15.54	14.60
常绿阔叶＋落叶阔叶混交林	29.20	39.93	21.03	14.52	12.67	11.60	10.73
常绿阔叶林	29.67	47.43	29.15	25.83	19.81	18.41	17.76
暖性针叶林	15.72	26.06	17.70	15.69	13.41	11.13	10.34

表 5 – 14　不同森林类型 20 ～ 40cm 层土壤部分吸力值下含水量测定结果

单位:%

森林类型	0.01 ～ 1.5Mpa 土壤水分变化值	土壤水吸力（Mpa）					
		0.01	0.1	0.2	0.45	0.6	1.5
落叶阔叶林	21.01	31.76	21.85	15.49	11.71	11.54	10.75
常绿阔叶 + 落叶阔叶混交林	25.63	40.68	26.23	20.58	16.83	16.01	15.05
常绿阔叶林	26.81	41.35	26.22	22.99	16.91	16.06	14.54
暖性针叶林	13.54	20.52	14.88	13.08	11.10	10.33	6.98

表 5 – 15　不同森林类型 40 ～ 60cm 层土壤部分吸力值下含水量测定结果

单位:%

森林类型	0.01 ～ 1.5Mpa 土壤水分变化值	土壤水吸力（Mpa）					
		0.01	0.1	0.2	0.45	0.6	1.5
落叶阔叶林	21.67	29.38	15.60	11.01	9.11	8.97	7.71
常绿阔叶 + 落叶阔叶混交林	21.70	30.38	15.19	11.73	10.34	9.62	8.68
常绿阔叶林	21.17	34.36	19.13	17.03	14.09	13.88	13.19
暖性针叶林	18.43	24.22	12.03	9.97	8.19	8.31	5.79

测定结果表明：在 0 ～ 20cm 土层和 20 ～ 40cm 土层，暖性针叶林与 3 种阔叶林存在显著差异。在 40 ～ 60cm 土层，常绿阔叶林与其他森林类型间均存在显著差异。

（1）落叶阔叶林

据表 5 - 13 可知，落叶阔叶林 0 ～ 20cm 土壤 0.01Mpa 下容积含水量（43.88%）仅低于常绿阔叶林同土层同吸力时的含水量。曲线趋势发生变化时的水分含量较高，滞留含水量（14.60%）较低。0.01 ～ 1.5Mpa 土壤水分变化值（29.28%）仅低于常绿阔叶林，表明落叶阔叶林 0 ～ 20cm 土壤可提供的容积含水量较高。

据表 5 - 14 可知，落叶阔叶林 20 ~ 40cm 土壤 0.01Mpa 下容积含水量（31.76%）仅高于暖性针叶林同土层同吸力时的含水量。曲线趋势发生变化时的水分含量较低，滞留含水量（10.75%）较低。0.01 ~ 1.5Mpa 土壤水分变化值（21.01%）低于常绿阔叶林和常绿阔叶 + 落叶阔叶混交林，表明落叶阔叶林 20 ~ 40cm 土壤容积含水量虽然较低，但可提供的容积含水量较高。

据表 5 - 15 可知，落叶阔叶林 40 ~ 60cm 土壤 0.01Mpa 下容积含水量（29.38%）低于常绿阔叶林和常绿阔叶 + 落叶阔叶混交林同土层同吸力时的含水量。曲线第一次发生变化时的水分含量较高，但第二次发生变化时的水分含量较低，滞留含水量（7.71%）仅高于暖性针叶林。0.01 ~ 1.5Mpa 土壤水分变化值（21.67%）仅低于常绿阔叶 + 落叶阔叶混交林，表明落叶阔叶林 40 ~ 60cm 土壤可提供的容积含水量较高。

落叶阔叶林土壤质地为砂质壤土，与多数森林类型林下土壤质地一致。土壤密度较小，总孔隙度较大，有机碳质量百分比高于其余，大于 0.25mm 团聚体含量较高，各压力值下土壤水分含量相应较高。由于其质地类型与其他森林类型一致，其土壤理化性质的差异与植物生长、枯落物分解、根系活动有很大关系。因此，地面植物对土壤水分特征曲线的影响较大。

一方面，落叶阔叶林下枯落物较多，分解后土壤中有机碳质量百分比较多，易于形成土壤胶体。另一方面，土壤中有机质和养分的增加有利于根系的生长，由于根系活动对土壤颗粒的挤压、破碎，土壤团聚体含量较多，孔隙度较高，土壤较松散，密度较小。这两方面共同作用，使落叶阔叶林土壤结构较好，利于土壤水分保持，土壤水分含量较高。

（2）常绿阔叶 + 落叶阔叶混交林

据表 5 - 13 可知，常绿阔叶 + 落叶阔叶混交林 0 ~ 20cm 土壤 0.01Mpa 下容积含水量（39.93%）低于常绿阔叶林和落叶阔叶林同土层同吸力时的含水量，曲线发生变化时的水分含量较高，滞留含水量（10.73%）较低，0.01 ~ 1.5Mpa 土壤水分变化值（29.20%）低于常绿阔叶林和落叶阔叶林。

据表 5 - 14 可知，常绿阔叶 + 落叶阔叶混交林 20 ~ 40cm 土壤 0.01Mpa

下容积含水量（40.68%）仅低于常绿阔叶林同土层同吸力时的含水量，曲线发生变化时的水分含量较高。0.01～1.5Mpa 土壤水分变化值（25.63%）仅低于常绿阔叶林，滞留含水量（15.05%）为最高，表明常绿阔叶 + 落叶阔叶混交林 20～40cm 土壤可提供的容积含水量较高。

据表 5-15 可知，常绿阔叶 + 落叶阔叶混交林 40～60cm 土壤 0.01Mpa 下容积含水量（30.38%）仅低于常绿阔叶林同土层同吸力时的含水量。曲线第一次发生变化时的水分含量较高，但第二次发生变化时的水分含量较低，滞留含水量（8.68%）高于暖性针叶林和落叶阔叶林。0.01～1.5Mpa 土壤水分变化值（21.70%）最高，表明常绿阔叶 + 落叶阔叶混交林 40～60cm 土壤可提供的容积含水量较高。

常绿阔叶 + 落叶阔叶混交林 0～20cm 土壤质地为砂土或壤质砂土，20～60cm 土壤质地为砂质壤土。20～60cm 土壤质地与多数森林类型林下土壤质地一致。常绿阔叶 + 落叶阔叶混交林下土壤密度较小，土壤总孔隙度仅低于常绿阔叶林。有机碳质量百分比低于落叶阔叶林，但高于常绿阔叶林和暖性针叶林。大于 0.25mm 团聚体含量较高，各压力值下土壤水分含量相应较高。对常绿阔叶 + 落叶阔叶混交林，主要是质地和地面植物对土壤水分特征曲线共同产生影响，地面植物对土壤水分特征曲线的影响体现在较深层，质地对土壤水分特征曲线的影响通常体现在表层。

常绿阔叶 + 落叶阔叶混交林土壤水分特征曲线明显异于其他森林类型的地方是其 0～20cm 土层的土壤容积含水量低于 20～40cm 土层的土壤容积含水量。由于常绿阔叶 + 落叶阔叶混交林 0～20cm 土壤质地为砂土或壤质砂土，20～40cm 土壤质地为砂质壤土，表层土壤砂粒含量高于其下土壤，土粒吸附性差，非毛管孔隙度高，水分通过较快，因此其相应土壤容积含水量低于其下土壤容积含水量。

（3）常绿阔叶林

据表 5-13 可知，常绿阔叶林 0～20cm 土壤 0.01Mpa 下容积含水量（47.43%）最高，曲线发生变化时的水分含量较高，滞留含水量（17.76%）最高。0.01～1.5Mpa 土壤水分变化值（29.67%）最高，表明常绿阔叶林

0～20cm 土壤可提供的容积含水量最高。

据表 5 - 14 可知，常绿阔叶林 20～40cm 土壤 0.01Mpa 下容积含水量（41.35%）最高，曲线发生变化时的水分含量较高，滞留含水量（14.54%）仅低于常绿阔叶 + 落叶阔叶混交林。0.01～1.5Mpa 土壤水分变化值（26.81%）最高，表明常绿阔叶林 20～40cm 土壤可提供的容积含水量最高。

据表 5 - 15 可知，常绿阔叶林 40～60cm 土壤 0.01Mpa 下容积含水量（34.36%）最高，曲线发生变化时的水分含量最高，滞留含水量（13.19%）最高。0.01～1.5Mpa 土壤水分变化值（21.17%）低于落叶阔叶林和常绿阔叶 + 落叶阔叶混交林，表明常绿阔叶林 40～60cm 土壤可提供的容积含水量较高。

常绿阔叶林土壤水分含量最高，与其他森林类型差异最显著。常绿阔叶林下较浅层土壤质地为砂质壤土，与多数森林类型土壤质地一致，底层土壤质地为砂质黏壤土。常绿阔叶林下土壤密度最小，土壤总孔隙度最大，有机碳质量百分比较低，大于 0.25mm 团聚体含量较高，各压力值下土壤水分含量相应较高。对常绿阔叶林，质地与地面植物对土壤水分特征曲线共同产生影响，地面植物对土壤水分特征曲线的影响体现在较浅层，质地对土壤水分特征曲线的影响体现在底层。

常绿阔叶林下较浅层土壤水分特征曲线与落叶阔叶林、常绿阔叶 + 落叶阔叶混交林差异不显著，与暖性针叶林差异显著。这是因为根系活动对土壤颗粒的挤压、破碎，土壤团聚体含量较多，孔隙度较高，土壤较松散，密度较小，增加了土壤中孔隙的数量，使常绿阔叶林土壤结构较好，利于土壤水分保持，土壤水分含量较高。

（4）暖性针叶林

据表 5 - 13 可知，暖性针叶林 0～20cm 土壤 0.01Mpa 下容积含水量（26.06%）最低，曲线发生变化时的水分含量最低，滞留含水量（10.34%）最低。0.01～1.5Mpa 土壤水分变化值（15.72%）最低，表明暖性针叶林 0～20cm 土壤可提供的容积含水量最低。

据表 5 - 14 可知，暖性针叶林 20～40cm 土壤 0.01Mpa 下容积含水量

（20.52%）最低，曲线发生变化时的水分含量最低，滞留含水量（6.98%）最低。0.01～1.5Mpa 土壤水分变化值（13.54%）最低，表明暖性针叶林 20～40cm 土壤可提供的容积含水量最低。

据表 5 - 15 可知，暖性针叶林 40～60cm 土壤 0.01Mpa 下容积含水量（24.22%）最低，曲线发生变化时的水分含量最低，滞留含水量（5.79%）最低。0.01～1.5Mpa 土壤水分变化值（18.43%）最低，表明暖性针叶林 40～60cm 土壤可提供的容积含水量最低。

暖性针叶林土壤水分特征曲线变化较缓，在各森林类型间土壤容积含水量最低。暖性针叶林土壤质地为砂质壤土，与多数森林类型林下土壤质地一致。土壤密度较大，总孔隙度最小，有机碳质量百分比较低，大于 0.25mm 团聚体含量较低，各压力值下土壤水分含量相应最低。因此地面植物对土壤水分特征曲线的影响较大。

一方面，因油脂的存在，针叶林枯落物分解较慢，土壤中有机质、团聚体含量较少；另一方面，由于毛管孔隙在土壤中含量较少，总孔隙度最小，水分在土壤中存在的空间小，这两方面因素共同导致暖性针叶林下土壤水分含量低。

第三节　森林土壤持水能力

一、土壤持水性能分析

土壤的持水性能是分析和评价土壤水分特性和水文效应的重要参考指标。据表 5 - 1 和图 5 - 1 可知，对于同一林地林下土壤，在相同水吸力下，除常绿阔叶 + 落叶阔叶混交林外，其他森林类型林下土壤容积含水量随土壤深度增加而减小。对于不同森林类型土壤，总体而言，常绿阔叶林的含水量最高，暖性针叶林最低。这表明了不同森林类型不同土层土壤持水性能不同。

为了进一步定量分析不同土壤的持水性能，采用 Gardner 于 1970 年提出的经验公式并结合实测数据来描述土壤容积含水量与土壤水吸力的关系。此

公式形式简单，待定参数较少且参数具有明确的意义，便于分析应用，其具体表达式为

$$\theta = a \cdot h^{-b} \tag{5-17}$$

式中，θ——土壤容积含水量（%）；

h——土壤水吸力（Mpa）；

a 和 b——参数。

参数 a 值决定曲线位置的高低，反映了土壤持水性能的大小，a 值越大，表明土壤的持水性能越强。而参数 b 值决定了曲线的趋势，反映了土壤容积含水量随土壤水吸力增大而递减的快慢（杨文治等，2000）。根据表 5-1 得到拟合公式，如表 5-16 所示。

表 5-16　　　　不同森林类型土壤容积含水量与土壤水吸力的关系

森林类型	土壤深度（cm）	a	b	决定系数 R^2
落叶阔叶林	0～20	24.944	0.234	0.985
	20～40	19.034	0.242	0.898
	40～60	15.434	0.294	0.908
常绿阔叶 + 落叶阔叶混交林	0～20	20.142	0.280	0.980
	20～40	25.257	0.217	0.943
	40～60	16.244	0.273	0.982
常绿阔叶林	0～20	29.340	0.212	0.964
	20～40	25.864	0.230	0.949
	40～60	20.722	0.207	0.962
暖性针叶林	0～20	17.459	0.196	0.952
	20～40	14.368	0.221	0.972
	40～60	12.206	0.282	0.944

据表 5-16 可知，利用实测数据进行拟合后，其决定系数 R^2 基本在 0.9 以上，表明此经验公式对所研究土壤水分特性具有良好的模拟性，能够很好地描述土壤水吸力或土壤水基质势与土壤容积含水量之间的关系，可以用来

定量分析土壤的持水性能。

观察发现，某种森林类型不同土层间 b 值差别不大，所以土壤水分特征曲线的走势基本平行。经分析，落叶阔叶林、常绿阔叶 + 落叶阔叶混交林和暖性针叶林各土层的变化速率差异较大，且无规律。落叶阔叶林 40～60cm 土壤容积含水量随土壤水吸力增大而递减的速度最快，常绿阔叶 + 落叶阔叶混交林 0～20cm 土层，暖性针叶林 40～60cm 土层与其相近，分别为 0.28 和 0.282。落叶阔叶林 0～20cm 土层和 20～40cm 土层，常绿阔叶林各土层，常绿阔叶 + 落叶阔叶混交林 20～40cm 和暖性针叶林 20～40cm 土层变化速度相近，暖性针叶林 0～20cm 土层变化速度最慢。

某种森林类型不同土层间 a 值有明显差别，这反映了同一森林类型不同土层的持水性能存在差异。除常绿阔叶 + 落叶阔叶混交林持水能力由大到小的顺序为中层（$a=24.753$）、表层（$a=21.736$）、底层（$a=18.458$），其他森林类型不同土层的持水能力呈现出随土壤深度增大而减小的规律性，即除常绿阔叶 + 落叶阔叶混交林外，其他森林类型不同土层的持水能力为 0～20cm 土层最强，20～40cm 次之，40～60cm 最弱。这主要是因为常绿阔叶 + 落叶阔叶混交林 0～20cm 土层土壤属于砂土类，毛管孔隙较少，持水量也相应减少。

比较不同森林类型同一土层的 a 值大小，可知各森林类型的持水能力强弱。0～20cm 土层，持水能力由强到弱排序依次为常绿阔叶林（29.340）、落叶阔叶林（24.944）、常绿阔叶 + 落叶阔叶混交林（20.142）和暖性针叶林（17.459）。20～40cm 土层，持水能力由强到弱排序依次为常绿阔叶林（25.864）、常绿阔叶 + 落叶阔叶混交林（25.257）、落叶阔叶林（19.034）和暖性针叶林（14.368）。40～60cm 土层，持水能力由强到弱排序依次为常绿阔叶林（20.722）、常绿阔叶 + 落叶阔叶混交林（16.244）、落叶阔叶林（15.434）和暖性针叶林（12.206）。这说明不同森林类型同一土层土壤持水能力，常绿阔叶林最强，暖性针叶林最弱。

二、土壤持水量

试验根据研究区森林土壤层厚度平均为 60cm 左右的实际情况，将土壤分为 0～20cm，20～40cm，40～60cm 这 3 层，计算了各土层的平均毛管持水量、非毛管持水量和总持水量等指标，如表 5 - 17 所示。

表 5 - 17 　　　　　　　　　不同森林类型土壤层持水量

单位：mm

森林类型	毛管持水量		非毛管持水量		总持水量	
	平均值	SD	平均值	SD	平均值	SD
落叶阔叶林	224.83	23.96	54.27	10.42	279.07	20.29
常绿阔叶 + 落叶阔叶混交林	238.34	32.81	63.71	12.09	302.03	38.54
常绿阔叶林	248.46	32.19	64.55	16.12	312.99	38.26
暖性针叶林	189.49	21.79	48.12	8.25	237.64	21.16

据表 5 - 17 可知，毛管持水量、非毛管持水量、总持水量的平均值均是常绿阔叶林最大，其次依次为常绿阔叶 + 落叶阔叶混交林、落叶阔叶林、暖性针叶林。经方差分析发现，常绿阔叶林的毛管持水量、非毛管持水量、总持水量各指标值与常绿阔叶 + 落叶阔叶混交林差异较小，二者与落叶阔叶林、暖性针叶林存在显著差异。

从总持水量上看，常绿阔叶林和常绿阔叶 + 落叶阔叶混交林显著高于其他森林类型，分别为 312.99mm 和 302.03mm。落叶阔叶林总持水量平均值为 279.07mm。暖性针叶林显著低于其他 3 种样地，仅为 237.64mm，约为常绿阔叶林总持水量的 76%。

从毛管持水量上看，常绿阔叶林和常绿阔叶 + 落叶阔叶混交林较高，可达 248.46mm 和 238.34mm。落叶阔叶林仅为 224.83mm，较常绿阔叶林土壤层略低。暖性针叶林最低，仅为 189.49mm，约为常绿阔叶林总持水量的 76%。

就土壤层非毛管持水量来说，常绿阔叶林和常绿阔叶 + 落叶阔叶混交林略高，分别为 64.55mm 和 63.71mm。落叶阔叶林和暖性针叶林较低，分别为 54.27mm 和 48.12mm。

阔叶林林下土壤持水能力大的原因主要有以下两方面。一方面，针叶林地的土壤质地和结构决定了针叶林林下土壤孔隙度小于阔叶林林下土壤孔隙度。受土壤孔隙度的影响，土壤孔隙度小，则土壤水分下渗的流量和速率都小。因而，针叶林林下土壤持水能力必然小于阔叶林林下土壤。另一方面，阔叶林林下枯落物含单宁、蜡质类物质少，较针叶林林下枯落物容易分解。枯落物分解腐化后可以增加表层土壤的有机碳质量百分比，这有利于促进土壤团聚及毛管孔隙的形成。同时，随着土壤中有机质和养分的增加，不仅可促进植物根系的发育生长，还可为蚯蚓等土壤动物获取营养提供便利，这些都有利于土壤中非毛管孔隙数量的增加，进而促进土壤持水量的提高。

根据常绿阔叶林林下枯落物的吸水速率分析数据，常绿阔叶林林下枯落物具有迅速持水能力，吸水速率最大，能够为土壤水分入渗最快速提供水分。而常绿阔叶林林下土壤毛管持水量和非毛管持水量最大，这说明与其他3种森林类型相比，常绿阔叶林林下土壤毛管孔隙度和非毛管孔隙度均较大，能够提供较多或较大的土壤水分下渗通道。因此，与其他森林类型相比，对于相同数量的水分输入，常绿阔叶林林下枯落物和土壤层能够更快地吸收水分，起到涵养水源的作用，涵养水源的能力最强。

三、土壤有效持水量

森林土壤中毛管孔隙所储存的水分主要供植物根系吸收或是通过蒸发过程散失，这部分水分受土壤颗粒基质势的束缚变动率不大，因此，毛管孔隙储存水分的能力对调节降水时空分配以及减少地表径流影响不大。

据表5-17可知，研究区阔叶林非毛管孔隙持水量相对较高，针叶林相对较低。暖性针叶林的非毛管持水量48.12mm，相对阔叶林低20%。针叶林非毛管孔隙率低影响了非毛管孔隙持水量，非毛管孔隙率低的主要原因是：针叶林林下枯落物储量较小，而且叶片富含单宁及蜡质等物质，分解困难，对土壤结构的改善作用小；针叶林根系以主根垂直生长为主，生长缓慢，侧根少，不利于土壤团粒结构形成及非毛管孔隙发育；针叶林林下的灌木及草类的覆盖度较低，种类单一。

第四节　森林土壤渗水能力

森林土壤是非均一介质，它在垂直方向上是按照一定发生层次分布的。土壤的饱和导水率表示了一定层次内土壤的水分运动能力，森林土壤水分的入渗过程体现了森林土壤对水分的渗透能力，本研究对这两部分分别进行了研究。

一、森林土壤饱和导水率及其影响因素

对研究区 4 种主要森林类型林下土壤饱和导水率进行研究，探讨了土壤性质与水分入渗性能的关系。

（一）土壤饱和导水率差异

研究使用 ST－70A 型土壤水分渗透仪，测定了常绿阔叶林、落叶阔叶林、常绿阔叶＋落叶阔叶混交林、暖性针叶林 4 种森林类型 0～20cm，20～40cm 和 40～60cm 三个层次土壤的饱和导水率。受植物种类、林下枯落物状况、土壤环境变化以及土壤分层结构变化等的影响，不同森林类型土壤饱和导水率的差异是较为显著的，如图 5－3 所示。

据图 5－3 可知，各森林类型 0～20cm 土层的饱和导水率较其下土壤的饱和导水率高 25% 以上，且随土壤深度的增加，同一林地饱和导水率在不断递减。

对不同森林类型相同土层的饱和导水率进行比较。在 95% 置信水平下方差分析结果表明，0～20cm 土层不同森林类型土壤饱和导水率存在差异，暖性针叶林与常绿阔叶林的差异极显著，与落叶阔叶林和常绿阔叶＋落叶阔叶混交林差异较显著。暖性针叶林 0～20cm 土层饱和导水率 4.03mm/min 最低，不足常绿阔叶林（8.47mm/min）的 50%。20～40cm 和 40～60cm 土层，各

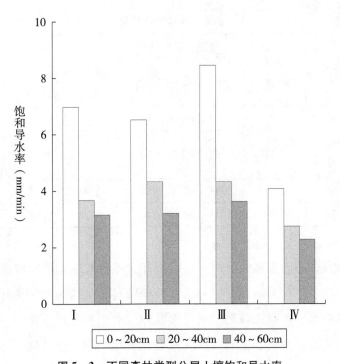

图 5 – 3　不同森林类型分层土壤饱和导水率

注：Ⅰ为落叶阔叶林；Ⅱ为常绿阔叶 + 落叶阔叶混交林；Ⅲ为常绿阔叶林；Ⅳ为暖性针叶林。

森林类型的土壤饱和导水率差异变小，落叶阔叶林、常绿阔叶 + 落叶阔叶混交林和常绿阔叶林的土壤饱和导水率差异不显著，但与暖性针叶林相比仍存在差异。

（二）土壤饱和导水率影响因素

土壤饱和导水率与土壤密度、土壤颗粒组成及土壤孔隙度等土壤物理特征有关（Sharma，1998）。研究把常绿阔叶林、落叶阔叶林、常绿阔叶 + 落叶阔叶混交林及暖性针叶林 4 种样地的土壤按 0 ~ 20cm，20 ~ 40cm，40 ~ 60cm 三个土层，对林地各土层的土壤密度、颗粒级配、孔隙度等物理性质进行了参数测定，各土层物理参数平均值情况如表 5 – 18所示。

表 5 - 18 林地土壤层物理性质

森林类型	土壤密度 (g/cm^3)	土壤颗粒级配（%）			孔隙度（%）		饱和导水率 （mm/min）
		砂粒	粉粒	黏粒	毛管孔隙度	非毛管孔隙度	
落叶阔叶林	1.23	69.05	19.69	11.26	37.47	9.04	4.59
常绿阔叶 + 落叶阔叶混交林	1.17	79.81	12.22	10.29	39.72	10.62	4.68
常绿阔叶林	1.14	75.57	10.33	14.09	41.41	10.76	5.47
暖性针叶林	1.34	73.31	20.17	6.52	31.58	8.02	2.97

分析发现，不同森林类型间土壤密度和土壤颗粒级配中粉粒含量的规律相同，从大到小依次为暖性针叶林、落叶阔叶林、常绿阔叶 + 落叶阔叶混交林、常绿阔叶林。不同森林类型间土壤孔隙度和饱和导水率规律相同，从大到小依次为常绿阔叶林、常绿阔叶 + 落叶阔叶混交林、落叶阔叶林、暖性针叶林。

为了研究土壤密度、砂粒含量、粉粒含量、黏粒含量、毛管和非毛管孔隙度 6 个土壤物理参数与土壤饱和导水率的相关关系，本研究进行了上述指标的相关分析，如表 5 - 19 所示。通过相关分析发现，各森林类型土壤饱和导水率与土壤密度、毛管及非毛管孔隙度的相关性极为显著。其中，土壤饱和导水率与土壤的孔隙度相关关系最显著，在 99% 的置信水平下，与毛管孔隙度和非毛管孔隙度的相关关系分别为 0.874 和 0.895，显著性为 0，呈极显著相关关系。土壤饱和导水率与土壤密度也呈极显著负相关关系，99% 的置信水平下相关系数为 - 0.823。

土壤饱和导水率与土壤颗粒级配的相关性主要体现在与粉粒含量中。土壤饱和导水率与粉粒含量呈显著负相关关系，95% 的置信水平下相关系数为 - 0.521，显著性为 0.027，小于置信水平 0.05。砂粒含量和黏粒含量与土壤饱和导水率的相关系数分别仅为 0.385 和 0.185，相关性不显著。这说明土壤颗粒级配中砂粒和黏粒含量的差异对土壤饱和导水率的大小影响不大，而粉粒含量越多，土壤饱和导水率越小。

表 5 – 19　　　　　　　土壤物理特征与饱和导水率的相关分析

相关分析参数	土壤密度	土壤颗粒级配（％）			孔隙度	
		砂粒	粉粒	黏粒	毛管孔隙度	非毛管孔隙度
相关系数	– 0. 823 **	0. 385	– 0. 521 *	0. 185	0. 874 **	0. 895 **
显著性系数	0. 000	0. 115	0. 027	0. 463	0. 000	0. 000

注：* 表示相关系数在95％置信水平下具有显著性意义；** 表示相关系数在99％的置信水平下具有显著性意义。

二、土壤水分入渗过程

森林土壤的水分入渗过程受各土壤层水分渗透能力的影响，表现出一定的差异。采用双环法进行土壤水分入渗速率的测定，研究区 4 种森林类型土壤水分入渗过程如图 5 –4 所示。

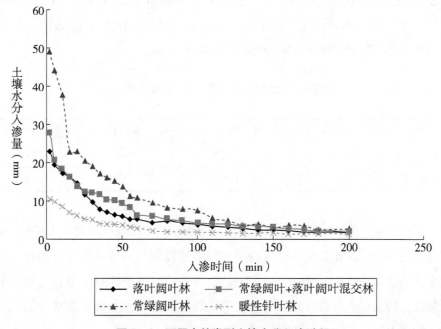

图 5 – 4　不同森林类型土壤水分入渗过程

森林土壤水分入渗过程分初渗阶段、过渡阶段和稳渗阶段三个阶段。

据图 5-4 可知，初渗阶段一般发生在入渗过程的前 10min，特点为森林土壤渗透速率较高，地表降水可快速渗入土壤，产流较少。初渗阶段常绿阔叶林与其他 3 种森林类型差异显著。其中，常绿阔叶林初渗速率最大，为 46.5mm/min。其次为常绿阔叶 + 落叶阔叶混交林和落叶阔叶林，分别为 24.33mm/min 和 21.17mm/min。暖性针叶林最小，为 10.18mm/min。

过渡阶段，一般为 10~60min，特点为随着土壤孔隙不断充满水分，入渗速率迅速降低。该阶段，这 4 种森林类型间差异显著，其中常绿阔叶林和暖性针叶林差异最为显著，95% 置信水平下显著性为 0.007。

随着渗透时间增加，进入稳渗阶段。土壤水分基本饱和，渗透速率维持稳定。通过方差分析发现，不同森林类型间差异显著减小。

对不同森林类型土壤水分初渗速率及稳渗速率进行对比，如表 5-20 所示，常绿阔叶林林下土壤的初渗速率和稳渗速率分别为 46.50mm/min 和 3.26mm/min，显著高于其他 3 种森林类型。常绿阔叶 + 落叶阔叶混交林、落叶阔叶林的水分渗透速率居其次，初渗速率分别为 24.33mm/min 和 21.17mm/min，稳渗速率分别为 2.92mm/min 和 2.43mm/min。暖性针叶林的水分渗透速率最低，初渗速率和稳渗速率分别为 10.08mm/min 和 1.74mm/min。

表 5-20   不同森林类型土壤水分初渗速率及稳渗速率对比

单位：mm/min

渗透速率	落叶阔叶林	常绿阔叶 + 落叶阔叶混交林	常绿阔叶林	暖性针叶林
初渗速率	21.17	24.33	46.50	10.08
稳渗速率	2.43	2.92	3.26	1.74

试验结果表明，三峡库区试验林地的土壤稳定入渗速率亦超过 104mm/h，这与其他学者在森林土壤水分入渗率方面的研究结果一致，良好的森林土壤其土壤稳定入渗率超过 80mm/h（王礼先，1998）。由于森林土壤具有较大的孔隙度，特别是非毛管孔隙数量多，非毛管孔隙度大，加大了森林土壤的入渗率和入渗量（吴钦孝，2004）。

三、土壤水分入渗过程模拟

描述土壤水分入渗过程的模型主要有 Kostiakov 模型（1932）、Horton 模型（1938）和 Philip 模型（1957）等。Kostiakov 模型（1932）是最简单的入渗模型。Philip 模型（1957）是在水分运动基本方程式的基础上经简化推导出来的，因此它有一定的物理基础，由于它比 Kostiakov 模型（1932）多了一个常数项，可以认为是对它的改进式。Horton 模型（1938）属于经验性模型（何凡等，2004）。Kostiakov 模型（1932）表达式为 $i = Bt^{-n}$，式中，i 为渗透速率（mm/min）；t 为入渗时间（min）；B 与 n 为常数。Horton 模型表达式为 $i = i_c + (i_0 - i_c)e^{-kt}$，式中，$i_0$ 为初渗速率（mm/min）；i_c 为稳渗速率（mm/min）；k 为常数。Philip 模型（1957）表达式为：$i = \frac{1}{2}st^{-\frac{1}{2}} + A$，式中，$s$ 和 A 为与入渗特性有关的常数。

为深入了解特定土壤条件下的土壤水分入渗速率与入渗时间之间的关系，进一步掌握土壤水分的渗透规律，研究将实测水分渗透过程数据代入上述 3 个模型进行回归拟合，得到了不同典型植物群落土壤水分渗透模型的参数与决定系数，如表 5 – 21 所示。

表 5 – 21　　　　典型植物群落土壤水分入渗模型参数与决定系数

模型模拟		落叶阔叶林	常绿阔叶 + 落叶阔叶混交林	常绿阔叶林	暖性针叶林
Kostiakov 模型	B	0. 114	0. 125	0. 286	0. 043
	n	0. 644	0. 613	0. 726	0. 552
	R^2	0. 918	0. 901	0. 897	0. 925
Horton 模型	i_0	21. 167	24. 333	43. 533	10. 083
	i_c	1. 800	2. 217	2. 550	1. 486
	k	0. 028	0. 026	0. 028	0. 030
	R^2	0. 949	0. 935	0. 906	0. 972
Philip 模型	s	79. 393	88. 751	159. 320	35. 566
	A	0. 538	1. 184	1. 283	0. 670
	R^2	0. 719	0. 785	0. 780	0. 723

据表 5 - 21 可知，就拟合方程的决定系数（R^2）来讲，采用三种模型模拟的精度均高于 0.7，这说明这些模型均具有较强的适用性。3 种模型中，Horton模型的决定系数（R^2）均值最高，约为 0.941。试验进一步对比分析了各典型植物群落土壤水分入渗过程实测值和 Horton 模型模拟值，如表 5 - 22 所示。

表 5 - 22　　典型植物群落土壤入渗参数实测值与 Horton 模型模拟值对比

测算方法	指标	单位	落叶阔叶林	常绿阔叶 + 落叶阔叶混交林	常绿阔叶林	暖性针叶林
实测值	初渗速率	mm/min	21.17	24.33	46.5	10.08
	稳渗速率	mm/min	2.43	2.92	3.26	1.74
	达稳时间	min	80	55	40	70
	达稳入渗量	mm	730	732	1009	342
Horton 模型模拟值	初渗速率	mm/min	19.38	22.43	39.74	9.23
	稳渗速率	mm/min	2.35	2.88	3.2	1.87
	达稳时间	min	85	50	30	70
	达稳入渗量	mm	719	693	1099	338

该模型模拟可更为直观地反映初渗速率、稳渗速率、达稳时间、达稳入渗量之间的关系。据表 5 - 22 可知，利用 Horton 模型的模拟值与实测值间的差异是很小的，Horton 模型对渗透过程模拟基本能够反映其真实情况。这表明采用 Horton 模型对三峡库区紫色砂岩地土壤水分入渗过程进行模拟具有很强的适用性和推广性。

第六章　主要森林类型水文效应评价

为了阐明紫色砂岩主要森林类型水文效应的作用机理，研究综合考虑三峡库区紫色砂岩地主要森林类型林冠层、枯落物层、土壤层的水文效应特点，兼顾地形因子，按照综合性、主导性、科学性、地域性和可操作性的原则，说明各因素对水文效应的贡献度，选择水文效应相关的38个因子构建了三峡库区紫色砂岩地主要森林类型水文效应评价指标体系框架，采用主成分分析方法揭示出该地区主要森林类型水文效应的主要影响因素，综合评定了不同森林类型的水文效应。

第一节　评价指标体系构建

根据评价指标体系基本能够全面反映评价内容基本内涵和特征的综合性原则；能够在全面分析各因素的基础上，突出影响评价内容的主要因素，同时兼顾其他影响的主导因素原则；能够客观反映评价区域特定功能的科学性原则；能够体现区域基本特征的因地制宜原则；能够立足于现有可搜集、可统计和可加工的资料数据，使理论和实践得到良好的结合这五个原则，从林冠层、枯落物层、土壤层、地形情况四个方面选择指标，构建了三峡库区紫色砂岩地主要森林类型水文效应评价指标体系。

借鉴层次分析法的指标体系框架，森林水文效应综合评价指标体系共分为三个层次。第一层次是目标层，即指标体系构建的目标目的，三峡库区紫

表 6-1 三峡库区紫色砂岩地典型植物群森林水文效应评价指标体系

目标层			三峡库区紫色砂岩地典型植物群森林水文效应评价指标体系							
准则层			林冠			枯落物				
指标层			X1 郁闭度	X2 单位面积枝叶质量	X3 枝叶吸水能力	X4 未分解储量	X5 分解储量	X6 未分解厚度	X7 分解厚度	X37 未分解层持水量	X38 分解层持水量
指标值	1		0.49	14.74	2.40	7.65	14.34	3.36	4.93	2.39	2.74
	2		0.69	15.58	3.14	8.02	11.96	3.14	5.23	2.34	3.31
	3		0.68	15.79	3.34	7.48	12.2	3.06	4.13	2.61	2.54
	4		0.79	31.70	4.40	8.25	11.88	2.68	4.03	1.68	2.17

目标层		三峡库区紫色砂岩地典型植物群森林水文效应评价指标体系								
准则层		土壤								
指标层		X8 土层1有机质含量	X9 土层2有机质含量	X10 土层3有机质含量	X11 砂粒含量	X12 粉粒含量	X13 黏粒含量	X14 土层1土壤密度	X15 土层2土壤密度	X16 土层3土壤密度
指标值	1	48.19	23.73	11.15	69.05	19.69	11.26	1.11	1.21	1.38
	2	27.73	15.83	6.79	75.57	10.33	14.09	1.02	1.11	1.29
	3	28.8	18.78	17.96	79.81	12.22	10.29	1.06	1.15	1.31
	4	28.76	12.22	8.96	73.31	20.17	6.52	1.24	1.33	1.46

续 表

三峡库区紫色砂岩地典型植物群森林水文效应评价指标体系

目标层			土壤								地形	
准则层												
指标层		X17 土层1毛管孔隙度	X18 土层2毛管孔隙度	X19 土层3毛管孔隙度	X20 土层1非毛管孔隙度	X21 土层2非毛管孔隙度	X22 土层3非毛管孔隙度	X23 初渗速率	X24 稳渗速率	X25 海拔	X26 坡度
指标值	1	40.65	34.98	36.78	15.81	7.35	3.97	21.17	2.43	1178	26
	2	44.36	41.48	38.39	16.18	9.38	6.71	46.5	3.26	952.1	29
	3	43.19	40.92	35.06	17.66	8.64	5.55	24.33	2.92	1463	47
	4	36.64	30.2	27.91	11.83	6.84	5.39	10.08	1.74	942	25

三峡库区紫色砂岩地典型植物群森林水文效应评价指标体系

目标层			动态因子									
准则层												
指标层		X27 P5 林内降雨量	X28 P10 林内降雨量	X29 P20 林内降雨量	X30 P50 林内降雨量	X31 P75 林内降雨量	X32 P5 截留率	X33 P10 截留率	X34 P20 截留率	X35 P50 截留率	X36 P75 截留率
指标值	1	73	56	41	17	8	88	70	50	23	11
	2	86	66	44	16	6	90	72	53	28	20
	3	89	67	47	18	7	87	68	49	24	13
	4	84	63	43	15	3	92	83	65	38	25

注：1为落叶阔叶林；2为常绿阔叶林；3为常绿阔叶+落叶阔叶混交林；4为暖性针叶林。

色砂岩地主要森林类型水文效应评价；第二层次是准则层，即衡量选择指标因子的方面，包括林冠层因子、枯落物层因子、土壤层因子、地形因子；第三层次为是指标层，即在一定评价指标体系构建目标下，从指标体系大的衡量方面中，细化的具体指标，共有 38 个。三峡库区紫色砂岩地典型植物群森林水文效应评价指标体系及指标值如表 6 - 1 所示。

第二节　基于主成分分析的综合评价值计算方法

一、主成分分析数据的标准化

主成分分析综合评价主要选用 SPSS 统计软件中的主成分分析模块进行分析计算。根据选定因子，将原始数据进行标准化，并将标准化后的数据进行主成分分析。其中，变量的算术平均值，计算公式为

$$\bar{x}_j = \frac{1}{n} \sum_{i=1}^{n} x_{ij} \qquad (6-1)$$

样本标准差，计算公式为

$$\sigma_j = \left[\frac{1}{n-1} \sum_{i=1}^{n} (x_{ij} - \bar{x}_j)^2 \right]^{1/2} \qquad (6-2)$$

标准化，计算公式为

$$x'_{ij} = \frac{x_{ij} - \bar{x}_j}{\sigma_j} \qquad (6-3)$$

式中，x_{ij}——第 i 个评价对象的第 j 个指标值，$i=1, 2, 3, \cdots, m$，$j = 1, 2, 3, \cdots n$；

$\bar{x}_j$——m 个评价对象第 j 个指标的平均值，$j=1, 2, 3, \cdots, n$；

σ_j——m 个评价对象第 j 个指标的样本标准差，$j=1, 2, 3, \cdots, n$；

x'_{ij}——标准化的第 i 个评价对象的第 j 个指标值，$i=1, 2, 3, \cdots, m$，$j=1, 2, 3, \cdots, n$。

二、主成分分析法选项设置

SPSS 分析计算中，需先将所有变量调入源变量框中作为需要进行分析的变量。然后，选择一定的指标和方法设置选项表信息，如图 6 – 1 所示。

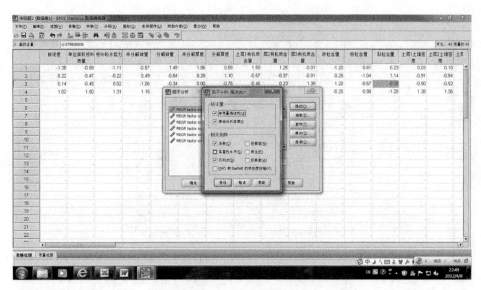

图 6 – 1　选项设置页面

根据需要，本研究设置描述性统计分析指标。统计分析指标主要选取了抽样均值、方差、样本数目、主成分载荷的公因子方差，以及相关系数指标中相关系数矩阵和行列式选项。

抽取方法选项设置中，因子提取方法主要有七种，本试验按照试验设计选择主成分分析法。由于主成分分析所用数据已经标准化处理，在选择主成分分析法筛选依据时，相关系数矩阵和协方差矩阵进行分析的差别不是很大，且为了在结果分析中方便，选择相关系数矩阵为依据进行分析。

选中特征根折线图（形如山麓截面，又名"山麓图"），在分析结果中给出特征根按大小分布的折线图，以便我们直观地判定因子的提取数量是否准确。

SPSS 统计软件主成分因子分析中，有两种方法可以决定提取主成分（因子）的数目。一种是根据特征根的数值提取主成分因子，系统默认 $\lambda_c = 1$。我们知道，在主成分分析中，主成分得分的方差就是对应的特征根数值。另一种方法是直接指定主成分的数目即因子数目。由于不能预估分析计算过程的结果，其分析迭代次数已不能准确确定，所以初步设定较大值100，如图6-2所示。

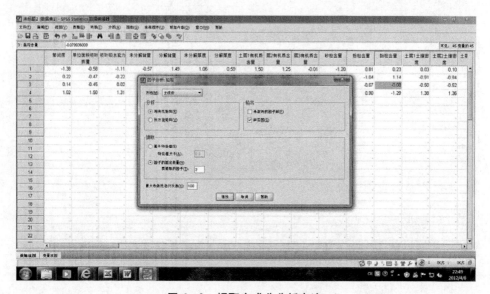

图 6-2　提取主成分分析方法

得分设置选项，采用系统默认的"回归"（Regression）法，选中 Display factor score coefficient matrix，要求在分析结果中给出因子得分系数矩阵及其相关矩阵，并选中 Save as variables 栏，将分析结果中给出标准化的主成分得分列至变量表中。其他设置选项，本文没有做特殊更改，选用系统默认值。

三、选取主成分数目准则

为了选出研究因素中有几个主成分，需要依据主成分数量的判定方法来确定。由于相关系数矩阵的特征根刚好等于主成分的方差，而方差是变量数据蕴含信息的重要判据之一，因此可通过相关系数矩阵的特征根 λ 来判定。根据 λ 值决定主成分数目的准则有三个：

①只取 $\lambda > 1$ 的特征根对应的主成分；

②累计百分比达到 80%～85% 以上的 λ 值对应的主成分；

③根据特征根变化的突变点决定主成分的数量。

由于本研究中选定的影响因子较多，特征根普遍相对较小，因此根据第三准则，查看特征根分布折线图，发现在第 4 个 λ 值是一个明显的折点，即选取的主成分数目应有 $p < 4$。

第三节　森林水文效应综合评价与分析

一、评价结果

主成分分析结果显示，影响三峡库区紫色砂岩地主要森林类型水文效应的环境因素主要可为 3 个主成分，如图 6-3 所示。其中，除去影响水文效应的动态指标截留率、降雨量，第一主成分为单位面积枝叶质量、未分解层持水量以及 0～20cm 非毛管孔隙度等 5 个因素，该主成分主要是截留能力主成分因子，是影响林地水文效应的最主要因素，可解释 56.5% 的方差变异；第二主成分为 0～20cm 有机质含量、土壤质地、分解储量、40～60cm 非毛管孔隙度等因素，该主成分是水分渗流介质主成分因子，可解释 27.2% 的方差变异；第三主成分为海拔、坡度、分解厚度、分解层持水量和初渗速率等因素，该主成分是影响水分下渗主成分因子，可解释 16.2% 的方差变异。表 6-2 为其主成分系数矩阵。

其中，降雨量和截留率是频率指标值，反映了动态指标因素对水文效应的影响。当降雨量高于降雨频率 50% 的降雨量时，降雨强度对水文效应的影响较大，仅次于单位面积枝叶质量、未分解层持水量以及 0～20cm 非毛管孔隙度等植被、土壤因素。但当发生降雨频率 $P < 20\%$ 的降雨量时，降雨量作为第二主成分对水文功能产生影响。

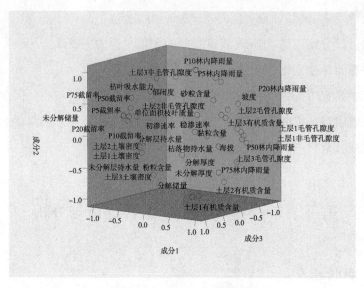

图 6-3　主成分分析的成分

表 6-2　　　　　　　　　　　　主成分系数矩阵

影响因子	成分			影响因子	成分		
	1	2	3		1	2	3
枝叶吸水能力	-0.037	0.051	-0.035	初渗速率	0.031	0.042	0.093
未分解储量	-0.036	0.026	0.087	稳渗速率	0.040	0.039	0.035
分解储量	0.014	-0.089	0.008	海拔	0.026	-0.009	-0.127
未分解厚度	0.038	-0.047	0.037	坡度	0.024	0.039	-0.115
分解厚度	0.025	-0.016	0.130	P5 林内降雨量	0.001	0.090	-0.046
土层1有机质含量	0.010	-0.092	0.013	P10 林内降雨量	0.005	0.092	-0.030
土层2有机质含量	0.031	-0.067	-0.019	P20 林内降雨量	0.014	0.072	-0.089
土层3有机质含量	0.017	-0.002	-0.145	P50 林内降雨量	0.037	-0.014	-0.089
砂粒含量	0.013	0.079	-0.074	P75 林内降雨量	0.041	-0.036	-0.025
粉粒含量	-0.030	-0.069	-0.018	P5 截留率	-0.038	0.023	0.074
黏粒含量	0.038	0.011	0.086	P10 截留率	-0.044	0.011	0.026
土层1 土壤密度	-0.043	-0.026	-0.032	P20 截留率	-0.044	0.017	0.021

续　表

影响因子	成分			影响因子	成分		
	1	2	3		1	2	3
土层2 土壤密度	−0.042	−0.031	−0.031	P50 截留率	−0.043	0.030	0.022
土层3 土壤密度	−0.041	−0.039	−0.019	P75 截留率	−0.036	0.049	0.052
土层1 毛管孔隙度	0.042	0.034	0.026	未分解层持水量	0.044	−0.002	−0.033
土层2 毛管孔隙度	0.040	0.044	0.008	分解层持水量	0.032	0.018	0.109
土层3 毛管孔隙度	0.042	−0.006	0.058	枯落物持水量	0.043	0.010	0.051
土层1 非毛管孔隙度	0.044	0.009	−0.030	郁闭度	−0.027	0.075	−0.016
土层2 非毛管孔隙度	0.034	0.059	0.038	单位面积枝叶质量	−0.045	0.014	−0.015
土层3 非毛管孔隙度	0.003	0.089	0.050				

同样，截留率作为动态指标因素对水文效应的影响也是随频率的不同而变化的。当截留率频率 $P > 75\%$ 时，截留率是影响水文效应的主要因素之一，仅次于单位面积枝叶质量、降雨量、未分解层持水量以及 $0 \sim 20 cm$ 非毛管孔隙度四个影响因子。当截留率频率 $P < 50\%$ 时，截留率对水文功能的影响高于降雨量对水文功能的影响。

紫色砂岩地主要森林类型水文效应的主成分分析结果表明，森林水文效应的影响因素主要由植物、枯落物、土壤、降雨气象等多因子组成。通过植被的种类、郁闭度、冠幅、树高，下垫面枯落物厚度、分解程度、土壤质地、孔隙度以及地形等因素的影响，该地区的水文过程将发生不同的变化。该结果也再次说明了森林水文过程是生态系统中复杂的水分再分配的过程。

依据所选取前3个主成分的方差贡献率为权重，构造出森林水文效应的综合评价模型 F，F 是主成分 F_1，F_2，F_3 的线性组合，计算公式为

$$F = 0.565F_1 + 0.272F_2 + 0.162F_3$$

经计算得出 4 种样地的森林水文效应的综合评价模型结果为

$$F = -0.163, 0.679, 0.303, -0.823$$

其中，负值表示该类型样地的综合水平低于平均水平。综合评价 F 值越大，该类型样地的水文效应越优。根据综合评价模型结果可以看出，4 种森林类型中，常绿阔叶林水文效应最优，其次依次为常绿阔叶＋落叶阔叶混交林、落叶阔叶林、暖性针叶林。

二、评价分析

通过对三峡库区紫色砂岩地主要森林类型水文效应的综合评价，其水文效应由大到小（或称其为"由优到劣"）的排序是：常绿阔叶林、常绿阔叶＋落叶阔叶混交林、落叶阔叶林、暖性针叶林。这 4 种森林类型的水文效应在整体水平上存在着较明显的差异。

（1）常绿阔叶林

在水文效应综合评价中，常绿阔叶林最优。在研究区，常绿阔叶林分布广泛，其占地面积占林地总面积的 55.59%。从影响水文效应的主要因素来看，常绿阔叶林单位面积枝叶质量（15.58t/hm²）较大，未分解层持水量（2.34mm）较大，0～20cm 非毛管孔隙度（16.18%）较大，林冠截留量（5.35±1.91mm）较小。第二主成分和第三主成分中，常绿阔叶林的土壤质地、40～60cm 非毛管孔隙度、枯落物分解层厚度、分解层持水量和初渗速率等相关指标均为最大。在常绿阔叶林的林冠层内、枯落物层和土壤层这三层的水文效应分析中可知，常绿阔叶林林冠层截留较少，枯落物层具有较好的持水能力，土壤层具有良好的持水能力和渗水能力，在森林水文过程中减小了降雨动能，产生了较少的截留，为径流和土壤水分渗透提供了较为丰富的水资源。适量的枯落物持水在降雨径流过程中降低了径流流速，减少了水力作用对土壤的侵蚀，并为水分下渗提供了更为充足的水量。良好的土壤结构，增大了土壤持水和渗水能力，具有较强的水源涵养能力。

（2）常绿阔叶 + 落叶阔叶混交林

常绿阔叶 + 落叶阔叶混交林是研究区落叶阔叶林与常绿阔叶林之间的过渡类型。在水文效应综合评价中，常绿阔叶 + 落叶阔叶混交林的水文效应次于常绿阔叶林，但优于落叶阔叶林。

在常绿阔叶 + 落叶阔叶混交林的水文效应分析中可知，常绿阔叶 + 落叶阔叶混交林的林下降雨量略小于常绿阔叶林，消减降雨动能和降雨侵蚀力的能力略小于常绿阔叶林，未分解层持水量（2.61mm）最大，40～60cm 非毛管孔隙度、枯落物分解层厚度、分解层持水量和初渗速率（24.33mm/min）等相关指标均略小于常绿阔叶林，但分解层持水量（2.54mm）较小，土壤黏粒（10.62%）较少，砂粒（79.81%）较多。因此，综合来看，该森林类型水文效应较好，仅次于常绿阔叶林，能够拦截部分降雨，减小降雨动能和降雨侵蚀力，增加径流和下渗水量，较多的枯落物覆盖大大降低了水力侵蚀风险，但同时较好的持水能力减少了降雨径流流量，降低了径流流速，削弱了该林地的森林水文效应。

（3）落叶阔叶林

阔叶林中落叶阔叶林水文效应最差，但其水文效应仍优于暖性针叶林，位列第三。这是因为落叶阔叶林降雨截留率、枯落物最大持水量、土壤结构、土壤密度、土壤孔隙度等方面均表现出次于常绿阔叶 + 落叶阔叶混交林，但优于暖性针叶林的特性。同时分析发现落叶阔叶林土壤持水能力（24.94）仅次于常绿阔叶林（29.34），但由于落叶阔叶林枯落物总储量最高，土壤水分下渗在一定程度上受到了阻碍，在减小水力侵蚀的同时增加了枯落物持水量和径流量。因此总体来说，落叶阔叶林的水文效应较差。

（4）暖性针叶林

暖性针叶林属于常绿阔叶林破坏后的次生植被，具有较强的抗性，可在干燥瘠薄的土壤上成林，是荒山先锋树种。三峡库区紫色砂岩地主要森林类型中，暖性针叶林的水文效应位列最后。暖性针叶林的截留量最大，消减降雨动能和侵蚀力的能力最强。暖性针叶林枯落物未分解层和分解层单位厚度密实度均最大，分别为 3.08 和 2.95，吸水速率（2.04mm/h）最小，不利于水分的下渗，但对于增加径流量有显著作用。从土壤质地、密度、孔隙度和饱和导水率等方面来看，暖性针叶林持水和渗水能力较差。

综上所述，落叶阔叶林、常绿阔叶林、常绿阔叶＋落叶阔叶混交林和暖性针叶林在林冠层、枯落物层、土壤层的水文效应各不相同，但从消减侵蚀、涵养水源的角度来看，常绿阔叶林水文效应最优，常绿阔叶＋落叶阔叶混交林水文效应第二，落叶阔叶林水文效应第三，暖性针叶林的水文效应较其他三种森林类型略弱。

第七章 结论与建议

第一节 结 论

三峡大坝建设以及移民拆迁，在取得大量经济效益和社会效益的同时，也带来一些环境问题，水土流失是这些环境问题的集中反映。严重的水土流失制约了三峡库区生态和经济协调发展，阻碍了经济社会的和谐发展，亟待治理。研究以重庆四面山为试验地，针对三峡库区土地利用中面积比例最大的森林类型，选取其面积最大的落叶阔叶林、常绿阔叶 + 落叶阔叶混交林、常绿阔叶林、暖性针叶林四类植物群落作为典型，对比研究了各典型植物群落林冠层、枯落物层、土壤层的水文及水土保持效应。研究结果对于保护和营建三峡库区森林生态系统，最大限度地发挥其水文生态功能；防控水土流失，减轻泥沙入库危害，延长水库使用寿命；调控径流，削洪增枯，保障三峡水利枢纽安全高效运行意义重大。

（1）理论截留能力由强到弱的顺序依次为暖性针叶林、常绿阔叶林、常绿阔叶 + 落叶阔叶混交林、落叶阔叶林。从实际截留量来看，不论平均截留量还是最大截留量，4 种森林类型的林冠截留量从大到小均依次为暖性针叶林、常绿阔叶 + 落叶阔叶混交林、常绿阔叶林、落叶阔叶林，且暖性针叶林截留量与落叶阔叶林截留量差异最显著。

不同雨型下，4 种森林类型的林冠截留能力表现出了不同的特征。小雨条件下，4 种森林类型的林冠截留量和截留率无显著差异，能够截留大部分降水。中雨或大雨条件下，暖性针叶林与其他类型林地的截留量和平均截留率均有明显的差异，显著高于其他 3 种森林类型。最大截留量发生在大到暴雨的降雨过程中，各种森林类型的林冠平均截留率均为 15% 以下，无显著差异，并且枝叶越干燥，林冠截留能力越强。

（2）林外降雨量统计和降雨动能计算结果表明，随着林外降雨量的增大，降雨动能也相应增大，降雨侵蚀力与降雨量呈幂函数正相关关系，$y = 0.0343x^{1.9296}$，决定系数为 0.845。落叶阔叶林的林内降雨动能一般最大，其次依次为常绿阔叶林、常绿阔叶 + 落叶阔叶混交林、暖性针叶林，且各种森林类型林内降雨动能一般小于林外降雨动能。

降雨侵蚀力结果显示，在林冠截留和拦截作用后，不同森林类型林冠对降雨侵蚀力的消减能力不同。多重比较显示，落叶阔叶林与常绿阔叶 + 落叶阔叶混交林、常绿阔叶林及暖性针叶林三者之间差异最大，而其他森林类型相互间差异不明显。从整体来看，暖性针叶林在林冠截留和林冠阻挡的作用下，消减降雨侵蚀力的能力最强。

（3）库区主要森林类型林下枯落物水文效应研究表明，分解层的最大持水量随枯落物分解层厚度的增加而增大，具体表现为常绿阔叶林 > 落叶阔叶林 > 常绿阔叶 + 落叶阔叶混交林 > 暖性针叶林。而枯落物层最大持水量从大到小依次是常绿阔叶林、常绿阔叶 + 落叶阔叶混交林、落叶阔叶林、暖性针叶林。

对枯落物分解层和未分解层分别进行持水过程试验结果显示，林下枯落物未分解层在浸水初始阶段的吸水速率，常绿阔叶 + 落叶阔叶混交林为最高，落叶阔叶林和常绿阔叶林次之，暖性针叶林的吸水速率最低。0.5h 以后，各群落均出现较大幅度的下降。至 3h 时，基本接近饱和状态，吸水速率仅为 0.04～0.10mm/h，从大到小依次变为常绿阔叶 + 落叶阔叶混交林、常绿阔叶林、落叶阔叶林、暖性针叶林。

林下枯落物分解层在浸水初始阶段的吸水速率，常绿阔叶林最高，落叶阔叶林和常绿阔叶 + 落叶阔叶混交林略低，暖性针叶林最低。至 3h 时，吸水速率基本接近饱和状态，仅为 0.03～0.15mm/h，从大到小依次变为常绿阔叶林、常绿阔叶＋落叶阔叶混交林、落叶阔叶林、暖性针叶林。在 5h 或 6h 之后，基本达到饱和状态。

（4）土壤持水能力、渗水能力与土壤理化性质具有一定的相关性。研究表明，不同土壤水吸力或基质势下的土壤容积含水量与土壤砂粒含量呈负相关关系，而与黏粒含量呈正相关关系。不同土壤水吸力或基质势下的土壤容积含水量与土壤密度呈负相关关系，土壤密度越小，土壤的持水能力越强。不同土壤水吸力或基质势下的土壤容积含水量与毛管孔隙呈正相关关系，毛管孔隙度增高时，土壤的持水能力也随之增强。不同土壤水吸力或基质势下的土壤容积含水量与有机质含量也存在正相关关系，表明有机碳质量百分比增加，会在一定程度上提高土壤的持水能力。不同土壤水吸力或基质势下的土壤容积含水量与大于 0.25mm 的团聚体呈一定的正相关关系，增加土壤团聚体能够改变土壤结构，增加土壤孔隙度，土壤的持水能力增强。

各森林类型土壤饱和导水率与土壤密度、毛管及非毛管孔隙度的相关性极为显著。在 99% 的置信水平下，与毛管孔隙度和非毛管孔隙度的相关关系分别为 0.874 和 0.895，显著性为 0，呈极显著相关关系。土壤饱和导水率与土壤密度呈极显著负相关关系，99% 的置信水平下相关系数为 −0.823。土壤饱和导水率与粉粒含量呈显著负相关关系，砂粒含量和黏粒含量与土壤饱和导水率相关性不显著。这说明土壤颗粒级配中砂粒和黏粒含量的差异对土壤饱和导水率的大小影响不大，而粉粒含量越多，土壤饱和导水率越小。

（5）4 种森林类型土壤层的总持水量由大到小依次为常绿阔叶林、常绿阔叶＋落叶阔叶混交林、落叶阔叶林、暖性针叶林。土壤毛管持水量，由大到小依次为常绿阔叶林、常绿阔叶＋落叶阔叶混交林、落叶阔叶林、暖性针叶林。土壤非毛管持水量，由大到小依次为常绿阔叶林、常绿阔叶＋落叶阔叶混交林、落叶阔叶林、暖性针叶林。常绿阔叶林林下土壤的初渗速率和稳渗速率最高，落叶阔叶林、常绿阔叶＋落叶阔叶混交林的水分渗透速率居其次，暖性针叶林的水分渗透速率最低，仅为常绿阔叶林的 21.68% 和 22.70%。

（6）三峡库区紫色砂岩地主要森林类型水文效应综合分析结果显示，落叶阔叶林、常绿阔叶林、常绿阔叶＋落叶阔叶混交林和暖性针叶林在林冠层、枯落物层、土壤层的水文效应各不相同。从消减侵蚀、涵养水源的角度来说，常绿阔叶林水文效应最优，常绿阔叶＋落叶阔叶混交林水文效应第二，落叶阔叶林水文效应第三，暖性针叶林的水文效应较其他 3 种森林类型略弱。

第二节　讨　论

受专业背景、研究时间等主客观因素的影响，本研究虽然在林冠截留率与降雨、风速、湿度、枝叶干燥度等因素的关系探讨，以及林冠截留对降雨动能和侵蚀力消减能力分析等方面取得一定的创新，但本论文仅是对长江三峡紫色砂岩地的 4 种森林类型水文作用进行了研究，若要对其他森林类型，甚至全国各土壤侵蚀类型区的森林类型进行同类研究，还需做更多工作。

建议结合本论文所选森林类型水文效应特点，以及研究区自然地理、水源涵养、水土流失防治、经济社会建设等方面的特殊要求，进一步开展营林林种选择及混交营林设计等方面的研究。

建议将微观研究成果在标准地、试验区、研究区、特定功能区等相对宏观区域应用时的尺度转换作为今后研究的一个重点内容。研究在试验地选择设置方面虽然尽可能地考虑了地形、地质、地貌以及林草植被的代表性，并在总结前人研究经验及问题的基础上，从研究设计的诸关键环节都进行了完善，但在尺度上仅局限于所选试验地，成果在整个三峡库区的代表性及推广应用还须做深入研究。

参考文献

［1］鲍士旦．土壤农化分析［M］．北京：中国农业出版社，2000．

［2］曹红霞，康绍忠，武海霞．同一质地（重壤土）土壤水分特征曲线的研究［J］．西北农林科技大学学报（自然科学版），2002，30（1）：9－12．

［3］陈步峰，周光益，曾庆波，等．热带山地雨林生态系统水文动态特征的研究［J］．植物生态学报，1998，22（1）：68－75．

［4］陈国阶，徐琪，杜榕桓，等．三峡工程对生态与环境的影响及对策研究［M］．北京：科学出版社，1995．

［5］陈亮中，谢宝元，肖文发，等．三峡库区主要森林植被类型土壤有机碳储量研究［J］．长江流域资源与环境，2007，16（5）：640－643．

［6］陈奇伯，张洪江，解明曙．森林枯落物及其苔藓层阻延径流速度研究［J］．北京林业大学学报，1996，18（1）：1－5．

［7］陈引珍．三峡库区森林植被水源涵养及其保土功能研究［D］．北京林业大学，2007：4－6．

［8］程金花，张洪江，史玉虎，等．三峡库区几种林下枯落物的水文作用［J］．北京林业大学学报，2003，25（2）：8－13．

［9］程瑞梅，肖文发，李建文，等．三峡库区森林植被分类系统初探［J］．环境与开发，1999，14（2）：4－7．

［10］程瑞梅，肖文发．三峡库区森林植物多样性分析［J］．应用生态学报，2002，13（1）：35－40．

［11］程云．缙云山森林涵养水源机制及其生态功能价值评价研究［D］．

北京林业大学，2007：15 – 17.

　　[12] 邓聚龙. 灰色系统基本方法（第二版）[M]. 武汉：华中科技大学出版社，2005：74 – 85.

　　[13] 邓世宗，韦炳贰. 不同森林类型林冠对大气降雨量再分配的研究 [J]. 林业科学，1990，26（3）：271 – 276.

　　[14] 董慧霞，李贤伟，张健，等. 不同草本层三倍体毛白杨林地土壤抗蚀性研究 [J]. 水土保持学报，2005，19（3）：70 – 78.

　　[15] 窦建德，王绪芳，熊伟，等. 宁夏六盘山北侧 5 种典型植被的土壤持水性能研究 [J]. 林业科学研究，2006，19（3）：301 – 306.

　　[16] 杜道林，刘玉成. 缙云山亚热带栲树林优势种群间联结性研究 [J]. 植物生态学报，1995，19（2）：149 – 157.

　　[17] 段庆彬. 黄土高原森林植被对径流与侵蚀产沙的影响研究 [D]. 北京林业大学，2009.

　　[18] 樊治平，李洪燕，姜艳萍. 基于 OWA 算子的群决策方法的灵敏度分析 [J]. 东北大学学报（自然科学版），2004，23（11）：84 – 86.

　　[19] 樊治平，张全. 多属性决策中基于加权模型的属性值灵敏度分析 [J]. 东北大学学报（自然科学版），2002，23（1）：83 – 86.

　　[20] 方精云，沈泽昊，唐志尧，王志恒. 中国山地植物物种多样性调查计划及若干技术规范 [J]. 生物多样性，2004，12（1）：5 – 9.

　　[21] 付晓莉，邵明安，吕殿青. 土壤持水特征测定中质量含水量、吸力和容重三者间定量关系：原状土壤 [J]. 土壤学报，2008，45（1）：50 – 55.

　　[22] 高岗. 以水源涵养为目标的低功能人工林更新技术研究 [D]. 内蒙古农业大学，2009，21 – 22.

　　[23] 高贤明，马克平，陈灵芝. 暖温带若干落叶阔叶林群落物种多样性及其与群落动态的关系 [J]. 植物生态学报，2001，25（3）：283 – 290.

　　[24] 龚伟，胡庭兴，王景燕，等. 川南天然常绿阔叶林人工更新后土壤团粒结构的分形特征 [J]. 植物生态学报，2007，31（1）：56 – 65.

　　[25] 巩合德. 森林水文生态效应及在川西亚高山针叶林群落中的研究

[J]．世界科技研究与发展，2003，13（5）：134－135.

［26］郭百平，王子科，阎晋民．天然沙棘林减水减沙效益试验研究［J］．沙棘，1996，9（4）：32－36.

［27］郭培才，王佑民．黄土高原沙棘林地土壤抗蚀性及其指标的研究［J］．西北林学院学报，1989，5（4）：80－86.

［28］郭正刚，刘慧霞，孙学刚．白龙江上游地区森林植物群落物种多样性的研究［J］．植物生态学报，2003，27（3）：388－395.

［29］郭志华，卓正大，陈洁，等．庐山常绿阔叶、落叶阔叶混交林乔木种群种间联结性研究［J］．植物生态学报，1997，21（5）：424－432.

［30］郭忠升，吴钦孝．森林植被对土壤入渗速率的影响［J］．陕西林业科技，1996，（3）：27－31.

［31］国家林业局．森林土壤大团聚体组成的测定（LY/T 1227－1999）．1999.

［32］国家林业局．森林土壤颗粒组成（机械组成）的测定（LY/T 1225－1999）．1999.

［33］国家林业局．森林土壤土粒密度的测定（LY/T 1224－1999）．1999.

［34］国家林业局．森林土壤微团聚体组成的测定（LY/T 1226－1999）．1999.

［35］国家林业局．森林土壤有机质的测定及碳氮比的计算（LY T 1237－1999）．1999.

［36］韩冰，吴钦孝，刘向东．林地枯枝落叶层对溅蚀影响的研究．防护林科技，1994，（2）：7－10.

［37］何东宁，张洪勋．青海乐都地区森林涵养水源效能研究［J］．植物生态学与地植物学学报，1991，15（1）：71－78.

［38］何凡，张洪江，史玉虎，等．长江三峡花岗岩坡面管流与渗流实验研究［J］．水土保持通报，2004，24（6）：10－13，44.

［39］何毓蓉，廖超林，张保华，等．长江上游人工林与天然林土壤结构

质量及保水抗蚀性研究 ［J］．水土保持学报，2005，19（5）：1-4．

［40］黄从德，张健，杨万勤，等．四川森林土壤有机碳储量的空间分布特征 ［J］．生态学报，2009，29（3）：1217-1225．

［41］黄建辉，高贤明，马克平，等．地带性森林群落物种多样性的比较研究 ［J］．生态学报，1997，17（6）：611-617．

［42］黄雪夏，倪九派，高明，等．重庆市土壤有机碳库的估算及其空间分布特征 ［J］．水土保持学报，2005，19（1）：54-58．

［43］解宪丽，孙波，周慧珍，等．中国土壤有机碳密度和储量的估算与空间分布分析 ［J］．土壤学报，2004，41（1）：35-43．

［44］金峰，杨浩，蔡祖聪，等．土壤有机碳密度及储量的统计研究 ［J］．土壤学报，2001，38（4）：522-528．

［45］孔繁智，宋波，裴铁璠．林冠截留于大气降水关系的数学模型 ［J］．应用生态学报，1990，1（3）：201-208．

［46］雷俊山，杨勤科．土壤因子研究综述 ［J］．水土保持研究，2004，11（2）：156-159．

［47］雷瑞德．秦岭火地塘林区华山松水源涵养功能的研究 ［J］．西北林学院学报，1984（1）：19-34．

［48］黎云祥．四面山植物区系组成分析 ［J］．重庆师范大学学报（自然科学版），1996，13（2）：77-83．

［49］李保国．分形理论在土壤科学中的应用及其展望 ［J］．土壤学进展，1994，22（1）：1-10．

［50］李军玲，张金屯．太行山中段植物群落物种多样性与环境的关系 ［J］．应用与环境生物学报，2006，12（6）：766-771．

［51］李俊清．北京山地森林的生态恢复 ［M］．北京：科学出版社，2008．

［52］李鹏，李占斌，郑良勇．植被保持水土有效性研究进展 ［J］．水土保持研究，2002，9（1）：76-80．

［53］李任敏，常建国，吕皎，等．太行山主要植被类型根系分布及对土

壤结构的影响［J］．山西林业科技，1998（1）：17－22.

［54］李文华，何永涛，杨丽韫．森林对径流影响研究的回顾和展望［J］．自然资源学报，2001，11（5）：390－406.

［55］李小刚．影响土壤水分特征曲线的因素［J］．甘肃农业大学学报，1994，29：273－278.

［56］李新荣．俄罗斯平原针阔混交林群落的灌木层植物种间相关研究［J］．生态学报，1999，19（1）：55－60.

［57］李旭光．四川江津四面山常绿阔叶林永久样地的非线性排序［J］．植物生态学报，1995，19（3）：286－292.

［58］李勇，武淑霞．紫色土区刺槐林根系对土壤结构的稳定作用［J］．水土保持学报，1998，（2）：1－7.

［59］李裕红．重庆四面山次生灌丛的物种多样性特征［J］．泉州师专学报（自然科学版），2000，18（2）49－53.

［60］李占斌．黄土坡面土壤侵蚀动力过程试验研究［J］．水土保持学报，2002，16（2）：5－8.

［61］廖纯艳．三峡库区水土流失防治的实践与发展对策［J］．中国水土保持，2009：7－9.

［62］廖显春，张新华，杨祖达，等．多属性决策法在小流域防护林体系效益评价中的应用［J］．华中农业大学学报，1998，17（4）：404－408.

［63］林大仪．土壤学实验指导［M］．北京：中国林业出版社，2004.

［64］林海明，张文霖．主成分分析与因子分析的异同和SPSS软件［J］．统计研究，2005（3）：65－69.

［65］刘宝元，谢云，张科利，等．土壤侵蚀预报模型［M］．北京：中国科学技术出版社，2001.

［66］刘定辉，李勇．植物根系提高土壤抗侵蚀性机理研究［J］．水土保持学报，2003，17（3）：34－37.

［67］刘国彬．黄土高原草地土壤抗冲性及其机理研究［J］．水土保持学报，1998，4（1）：93－96.

[68] 刘国花，谢吉荣．重庆四面山风景区森林植被调查研究 [J]．渝西学院学报（自然科学版），2005，4（1）：90 - 92.

[69] 刘金福，洪伟．格氏栲群落生态学研究：格氏栲林主要种群生态位的研究 [J]．生态学报，1999，19（3）：347 - 352.

[70] 刘梦云，常庆瑞，齐雁冰．不同土地利用方式的土壤团粒及微团粒的分形特征 [J]．中国水土保持科学，2006，4（4）：47 - 51.

[71] 刘启慎，李建兴．低山石灰岩区不同植被水保功能的研究 [J]．水土保持学报，1994，8（1）：78 - 83.

[72] 刘庆，包维楷，乔永康，等．岷江上游茂县半干旱河谷灌丛优势种间关系的研究 [J]．应用与环境生物学报，1996，2（1）：36 - 42.

[73] 刘秋峰，康慕谊，刘全儒．中条山东段森林乔木树种分布的环境梯度分析与树种划分 [J]．生态学杂志，2006，25（11）：1306 - 1311.

[74] 刘世荣，蒋有绪，史作民，等．中国暖温带森林生物多样性研究 [M]．北京：中国科学技术出版社，1998.

[75] 刘世荣，温远光，王兵．中国森林生态系统水文生态功能规律 [M]．北京：中国林业出版社，1996：227 - 294.

[76] 刘曙光，郭景唐．华北油松人工林林下降雨空间分布的研究 [J]．北京林业大学学报，1988：10（4）：1 - 10.

[77] 刘煊章．森林生态系统定位研究 [M]．北京：中国林业出版社，1993：221 - 227.

[78] 刘卫国，吕鸣伦．地理信息系统和遥感技术支持下的山地环境梯度分析方法研究 [J]．地理研究，1977，16（3）：63 - 69.

[79] 刘文耀，刘伦辉，郑征，等．滇中常绿阔叶林及云南松林水文作用的初步研究 [J]．植物生态学与地植物学学报，1991，15（2）：159 - 167.

[80] 刘霞，王丽，张光灿，等．鲁中石质山地不同林分类型土壤结构特征 [J]．水土保持学报，2005，12（6）：49 - 52.

[81] 刘向东，吴钦孝，赵鸿雁．森林植被垂直截留作用与水土保持 [J]．水土保持研究，1994，1（3）：8 - 13.

［82］卢培俊．热带森林水文学研究刍议［J］．热带林业科技，1987（2）：1-8.

［83］卢炜丽，张洪江，王伟，等．重庆四面山5种不同配置模式人工林生物多样性研究［J］．西北植物学报，2009，29（1）：160-166.

［84］卢宗凡．黄土丘陵区水土保持生物和耕作措施的研究［J］．水土保持学报，1988，2（1）：37-48.

［85］鲁植雄，张维强，潘君拯．分形理论及其在农业土壤中的应用［J］．土壤学进展，1994，22（5）：40-45.

［86］吕殿青，邵明安，刘春平．容重对土壤饱和水分运动参数的影响［J］．水土保持学报，2006，20（3）：154-157.

［87］吕殿青，邵明安，潘云．容重变化与土壤水分特征的依赖关系研究［J］．水土保持学报，2009，23（3）：209-212.

［88］罗伟祥，白立强，宋西德，等．不同覆盖度林地和草地的径流量与冲刷量［J］．水土保持学报，1990，4（1）：30-35.

［89］马爱生，刘思春，吕家珑，等．黄土高原地区几种土壤的水分状况与能量水平［J］．西北农林科技大学学报（自然科学版），2005（33）：117-120.

［90］马明东，罗承德，张键，等．云杉天然林分生境条件数量分类研究［J］．中国生态农业学报，2006（4）：159-163.

［91］马祥华，白文娟，焦菊英，等．黄土丘陵沟壑区退耕地植被恢复中的土壤水分变化研究［J］．水土保持通报，2004，24（5）：19-23.

［92］马祥华，焦菊英，白文娟．黄土丘陵沟壑区退耕植被恢复地土壤水稳性团聚体的变化特征［J］．干旱地区农业研究，2005，23（3）：69-73.

［93］马雪华．四川米亚罗地区高山冷杉林水文作用的研究［J］．林业科学，1987，19（3）：97-113.

［94］马雪华．森林与水质［M］．北京：测绘出版社，1989：31-35.

［95］米湘成，张金屯，张峰，等．山西高原植被与气候的关系分析及植被数量区划的研究［J］．植物生态学报，1996，20（6）：549-560.

［96］慕长龙. 森林涵养水源能力的综合评价方法研究［J］. 四川林业科技，1997，18（4）：11－17.

［97］潘剑君，BERGSMA IR E. 利用土壤入渗速率和土壤抗剪力确定土壤侵蚀等级［J］. 水土保持学报，1995，9（2）：93－96.

［98］庞学勇，刘庆，刘世全，等. 川西亚高山云杉人工林土壤质量性状演变［J］. 生态学报，2004，24（2）：261－267.

［99］饶良懿，朱金兆，毕华兴. 重庆四面山森林枯落物和土壤水文效应［J］. 北京林业大学学报，2005，27（1）：33－37.

［100］任改，张洪江，程金花，等. 重庆四面山几种人工林地土壤抗蚀性分析［J］. 水土保持学报，2009，23（3）：20－24.

［101］邵明安，吕殿青，付晓莉. 土壤持水特征测定中质量含水量、吸力和容重三者间定量关系：填装土壤［J］. 土壤学报，2007，44（6）：1003－1009.

［102］邵明安，王全九，黄明斌. 土壤物理学［M］. 北京：高等教育出版社，2006.

［103］沈慧，姜凤岐，杜晓军，等. 水土保持林土壤肥力及其评价指标［J］. 水土保持学报，2000a，14（2）：60－65.

［104］沈思渊，席承藩. 淮北主要土壤持水性能及其与颗粒组成的关系［J］. 土壤学报，1990，27（1）：34－42.

［105］石辉. 转移矩阵法评价土壤团聚体稳定性［J］. 水土保持通报，2006，26（3）：91－95.

［106］石培礼，李文华. 森林植被变化对水文过程和径流的影响效应［J］. 自然资源学报，2001，16（5）：481－487.

［107］史德明. 土壤侵蚀调查方法中的试验研究和侵蚀量测定问题［J］. 中国水土保持，1983（6）：21－22.

［108］史玉虎，袁克侃. 鄂西三峡库区森林变化对河川径流泥沙的影响［J］. 北京林业大学学报，1998，20（6）：54－58.

［109］史玉虎. 长江三峡花岗岩区林地管流对地表径流的影响［D］. 北

京林业大学，2004：3-7.

[110] 史作民，程瑞梅，刘世荣. 宝天曼落叶阔叶林种群生态位特征 [J]. 应用生态学报，1999，10（3）：265-269.

[111] 四川植被协作组. 四川植被 [M]. 成都：四川人民出版社，1980.

[112] 宋永昌. 植被生态学 [M]. 上海：华东师范大学出版社，2001.

[113] 苏帆. 重庆四面山森林涵养水源功能价值评价及管理研究 [D]. 北京林业大学，2008.

[114] 苏宁虎. 森林枯落物的水文作用研究概况 [J]. 陕西林业利技，1984，11（4）：85-90.

[115] 苏宁虎. 森林植物凋落动态的数学模型 [J]. 林业科学，1989，25（2）：162-166.

[116] 孙立达，朱金兆. 水土保持林体系综合效益研究与评价 [M]. 北京：中国科学技术出版社，1995：1-45，200-234.

[117] 孙维侠，史学正，于东升，等. 我国东北地区土壤有机碳密度和储量的估算研究 [J]. 土壤学报，2004，41（2）：298-301.

[118] 孙艳红. 重庆缙云山不同植被类型坡面土壤水分及地表径流特性 [D]. 北京林业大学，2006：4-5.

[119] 谭芳林. 森林水文学的研究进展与展望 [J]. 福建林业科技，2002，29（4）：47-51.

[120] 汤国安，杨昕. ArcGIS地理信息系统空间分析实验教程 [M]. 北京：科学出版社，2006.

[121] 田大伦. 森林生态系统人为干扰的水文学效应研究 [M]. 北京：中国林业出版社，1993.

[122] 田积莹，黄义端. 子午岭连家贬地区土壤物理性质与土壤抗侵蚀性能指标的初步研究 [J]. 土壤学报，1964，12（3）：286-296.

[123] 汪殿蓓，暨淑仪，陈飞鹏. 植物群落物种多样性研究综述 [J]. 生态学杂志，2001，20（4）：55-60.

［124］汪建华，李旭光．重庆四面山常绿阔叶林主要乔木种群种间联结关系研究［J］．渝州大学学报（自然科学版），2001，18（3）：58－62.

［125］汪建华，赵群芬，黄林．重庆四面山常绿阔叶林群落的数量分类［J］．西南农业大学学报，2001b，23（3）：199－201，207.

［126］汪建华，赵群芬，黄林，等．重庆四面山常绿阔叶林群落的生态梯度分析［J］．西南师范大学学报（自然科学版），2001a，26（4）：457－461.

［127］汪建华，赵群芬，李旭光．重庆四面山常绿阔叶林主要乔木种群生态位特征［J］．重庆三峡学院学报，2001c，4（17）：76－80.

［128］汪有科，吴钦孝，韩冰，等．森林植被水土保持功能评价［J］．水土保持研究，1994，1（3）：24－30.

［129］汪有科，吴钦孝，赵鸿雁，等．林地枯落物抗冲机理研究［J］．水土保持学报，1993，7（1）：75－80.

［130］王兵，崔相慧，白秀兰，等．大岗山人工针阔混交林与常绿阔叶林水文动态变化研究［J］．林业科学研究，2002，15（1）：13－20.

［131］王兵，温远光．中国若干森林水文要素地理分布规律的模拟［J］．生态学报，1997，17（4）：344－349.

［132］王丙超．天山中段天山云杉林林冠降雨截留特征研究［J］．新疆农业大学学报，2008，26（1）：9－12.

［133］王波，张洪江，徐丽君，等．四面山不同人工林枯落物储量及其持水特性研究［J］．水土保持学报，2008，22（4）：90－94.

［134］王伯荪，李鸣光，彭少麟．植物种群学［M］．广州：广东高等教育出版社，1995.

［135］王栋．长江三峡库区不同植被类型对降雨产流影响的研究——以重庆缙云山为例［D］．北京林业大学，2007：5－7.

［136］王季槐，赵松龄，叶振欧．定西半干旱地区春小麦农田土壤水分动态的技术奖模拟［J］．土壤学报，1987，24（4）：388－391.

［137］王礼先，张志强．森林植被变化的水文生态效应的研究进展［J］.

世界林业研究，1998，（6）：14－22.

［138］王鹏程，邢乐杰，肖文发，等．三峡库区森林生态类型有机碳密度及碳储量［J］．生态学报，2009，29（1）：97－107.

［139］王伟，张洪江，杜士才，等．重庆市四面山人工林土壤持水与入渗特性［J］．水土保持通报，2009，29（3）：113－117.

［140］王伟，张洪江，李猛，等．重庆市四面山林地土壤水分入渗特性研究与评价［J］．水土保持学报，2008，22（4）：95－99.

［141］王彦辉．几个树种的林冠降雨特征［J］．林业科学，2001，37（4）：2－9.

［142］王一峰，张平仓，朱兵兵，等．长江中上游地区土壤抗冲性特征研究［J］．长江科学院院报，2007，24（1）：12－15.

［143］王佑民．中国林地枯落物持水保土作用研究概况［J］．水土保持学报，2000，14（4）：108－113.

［144］王玉杰，王云琦．重庆缙云山典型林分林地土地土壤入渗特性研究［J］．水土保持研究，2006，13（2）：193－194，256.

［145］王云琦，王玉杰，张洪江．重庆缙云山几种典型植被枯落物水文特性研究［J］．水土保持学报，2004，18（3）：41－44.

［146］温远光，刘世荣．我国主要森林生态类型降水截持规律的数量分析［J］．林业科学，1995，31（4）：289－298.

［147］文仕之，何炳飞．杉木人工林生态系统不同干扰条件下径流规律的研究［J］.

［148］吴长文，王礼先．林地土壤孔隙的贮水性能分析［J］．水土保持研究，1995，2（1）：76－79.

［149］吴承祯，洪伟．紫色土壤分形特征及土壤可蚀性关系研究［J］．土壤侵蚀与水土保持学报，1998，4（6）：37－41.

［150］吴钦孝，刘向东，苏宁虎，等．山杨次生林枯枝落叶蓄积量及其水文作用［J］．水土保持学报，1992，6（1）：71－76.

［151］吴钦孝，刘向东，赵鸿雁．森林枯枝落叶层涵养水源保持水土的

作用评价 [J] . 水土保持学报, 1998, 4 (2): 23 – 28.

[152] 吴彦, 刘世全. 植物根系提高土壤水稳性团粒含量的研究 [J] . 水土保持学报, 1997 (3): 11 – 18.

[153] 武海霞, 刘永朝, 栾清华. 同质异性土壤水分特征曲线的特性试验研究 [J] . 海河水利, 2006 (2): 61 – 63.

[154] 夏青, 何丙辉. 土壤物理特性对水力侵蚀的影响 [J] . 水土保持应用技术, 2006, 9 (5): 12 – 15.

[155] 肖文发, 程瑞梅, 李建文, 等. 三峡库区杉木林群落多样性研究 [J] . 生态学杂志, 2001, 20 (1): 1 – 4.

[156] 肖文发, 李建文, 于长青. 长江三峡库区陆生动植物生态 [M] . 重庆: 西南师范大学出版社, 2000.

[157] 肖新平, 李为政. 有时序多指标决策的关联分析法及灵敏度分析 [J] . 系统工程与电子技术, 1995 (8): 36 – 44.

[158] 谢晋阳, 陈灵芝. 暖温带落叶阔叶林的物种多样性特征 [J] . 生态学报, 1994, 14 (4): 337 – 344.

[159] 徐绍辉, 张佳宝, 刘建立, 等. 表征土壤水分持留曲线的几种模型的适应性研究 [J] . 土壤学报, 2002, 39: 498 – 504.

[160] 阳含熙, 卢泽愚. 植物生态学的数量分类方法 [M] . 北京: 科学出版社, 1981.

[161] 杨吉华, 张永涛, 李红云, 等. 不同林分枯落物的持水性能及对表层土壤理化性状的影响 [J] . 水土保持学报, 2003, 17 (2): 141 – 144.

[162] 杨茂瑞. 亚热带杉木、马尾松人工林的林内降雨、林冠截留和树干径流 [J] . 林业科学研究, 1992, 5 (2): 158 – 162.

[163] 杨培岭, 罗远培, 石元春. 用粒径的重量分布表征的土壤分形特征 [J] . 科学通报, 1993, 38 (20): 1896 – 1899.

[164] 杨瑞武. 四面山大窝铺常绿阔叶林特征研究 [J] . 四川农业大学学报, 1994, 12 (4): 490 – 495.

[165] 杨文治, 邵明安. 黄土高原土壤水分研究 [M] . 北京: 科学出版

社，2000.

[166] 杨玉盛，何宗明，陈光水，等．不同生物治理措施对赤红壤抗蚀性影响的研究［J］．土壤学报，1999，36（4）：528－534.

[167] 姚其华，邓银霞．土壤水分特征曲线模型及其预测方法的研究进展［J］．土壤通报，1992（23）：142－144.

[168] 姚贤良，程云生．土壤物理学［M］．北京：农业出版社，1986：195－207.

[169] 于贵瑞．全球变化与陆地生态系统碳循环和碳蓄积［M］．北京：气象出版社，2003：1－460.

[170] 于秀林，任雪松．多元统计分析［M］．北京：中国统计出版社，1999：59－60.

[171] 余世孝．非度量多维测度及其在群落分类中的应用［J］．植物生态学报，1995，19（2）：128－136.

[172] 余新晓，秦永胜．森林植被对坡地不同空间尺度侵蚀产沙影响分析［J］．水土保持学报，2001，8（4）：66－69.

[173] 余新晓，赵玉涛，张志强，等．长江上游亚高山暗针叶林土壤水分入渗特征研究［J］．应用生态学报，2004，14（1）：15－19.

[174] 余新晓．森林植被减弱降雨侵蚀能量的数理分析［J］．水土保持学报，1989，3（2）：90－95.

[175] 袁建平，蒋定生，甘淑．不同治理度下小流域正态整体模型试验：林草措施对小流域径流泥沙的影响［J］．自然资源学报，2000，15（1）：91－96.

[176] 曾河水．种植水土保持林后侵蚀地土壤物理特性变化的研究［J］．土壤，1999（6）：304－306.

[177] 曾思齐，佘济云，肖育檀，等．马尾松水土保持林水文功能计量研究：Ⅰ．林冠截留与土壤贮水能力［J］．中南林学院学报，1996，16（3）：1－8.

[178] 张峰，上官铁梁．逐步聚类法及其应用［J］．植物生态学报，

1996, 20 (6): 561 – 567.

[179] 张洪江, 程金花, 史玉虎, 等. 三峡库区 3 种林下凋落物储量及其持水特性 [J]. 水土保持学报, 2003, 17 (3): 55 – 59.

[180] 张洪江, 解明曙, 杨柳春. 长江三峡花岗岩区坡面糙率系数研究 [J]. 水土保持学报, 1994, 8 (1): 33 – 38.

[181] 张洪江, 王礼先. 长江三峡花岗岩坡面土壤流失特性及其系统动力学仿真 [M]. 北京: 中国林业出版社, 1997.

[182] 张洪江. 长江三峡花岗岩地区优先流运动及其模拟 [M]. 北京: 科学出版社, 2006.

[183] 张金屯, 米湘成, 郑凤英. 五台山亚高山草甸群落生态关系分析 [J]. 草地学报, 1997, 5 (3): 181 – 186.

[184] 张金屯. 模糊数学排序及其应用 [J]. 生态学报, 1992, 12 (4): 325 – 331.

[185] 张金屯. 植被数量生态学方法 [M]. 北京: 中国科学技术出版社, 1995.

[186] 张金屯. 典范主分量分析及其在山西植被与气候关系分析中的应用 [J]. 地理学报, 1998a, 53 (3): 256 – 263.

[187] 张金屯. 植物种群空间分布的点格局分析 [J]. 植物生态学报, 1998b, 22 (4): 344 – 349.

[188] 张利权. 瑞典河漫滩草甸植被的数量分类和排序 [J]. 植物生态学与地植物学学报, 1987, 11 (3): 171 – 182.

[189] 张强, 孙向阳, 黄利江, 等. 毛乌素沙地土壤水分特征曲线和入渗性能的研究 [J]. 林业科学研究, 2004, 17 (增刊): 9 – 14.

[190] 张锐. 重庆四面山几种人工林水土保持功能研究 [D]. 北京林业大学, 2006: 6 – 9.

[191] 张晓明. 重庆缙云山林地坡面降雨产流规律及土壤力学特征研究 [D]. 北京林业大学, 2008: 6 – 8.

[192] 张增哲, 余新晓. 中国森林水文现状和主要成果 [J]. 北京林业

大学学报，1988，10（2）：79－87.

［193］张志强，余新晓，赵玉涛，等．森林对水文过程影响研究进展［J］．应用生态学报，2003，14（1）：113－116.

［194］赵鸿雁，吴钦孝，韩冰，等．影响水土流失主要因子间相互关系研究［J］．水土保持研究，1995（2）：99－102.

［195］赵群芬，陈光升．重庆四面山常绿阔叶林群落多样性与海拔梯度的关系［J］．四川师范大学学报（自然科学版），2004，27（4）：405－409.

［196］郑新军，李彦．土壤吸附作用对土壤水分有效性的影响［J］．干旱区研究，2009，26（5）：744－749.

［197］中国科学院南京土壤研究所土壤物理研究室．土壤物理性质测定法［M］．北京：科学出版社，1978.

［198］中华人民共和国地质矿产部．土工试验规程［M］．北京：地质出版社，1984.

［199］中华人民共和国水利部．水土保持试验规程．SL 419—2007（SL 419—2007 替代 SD 239—87），2008.

［200］中野秀章．森林水文学［M］．北京：中国林业出版社，1983.

［201］钟祥浩，程根伟．森林植被变化对洪水的影响分析［J］．山地学报，2001，19（5）：413－417.

［202］钟章成．常绿阔叶林生态研究［M］．重庆：西南师范大学出版社，1988.

［203］周晓峰，赵惠勋，孙慧珍，等．正确评价森林水文效应［J］．自然资源学报，2001，16（5）：40－42.

［204］周印东，吴金水，赵世伟，等．子午岭植被演替过程中土壤剖面有机质与持水性能变化［J］．西北植物学报，2003，23（6）：895－900.

［205］周择福，洪玲霞．不同林地土壤水分入渗和入渗模拟的研究［J］．林业科学，1997，33（1）：9－16.

［206］朱劲伟．小兴安岭红松阔叶林的水文效应［J］．东北林学院学报，1982（4）：17－24.

［207］朱源，康慕谊. 排序和广义线性模型与广义可加模型在植物种与环境关系研究中的应用［J］. 生态学杂志，2005，24（7）：807 – 811.

［208］ABOAL J R, JIMENEZ M S, MORALES D, et al. Rainfall interception in laurel forest in the Canary Islands［J］. Agricultural and Forest Meteorology, 1999, 97：73 – 86.

［209］AGAM N, BERLINER P R. Dew formation and water vapor adsorption in semiarid environments—A review［J］. Journal of Arid Environments, 2006, 65 (4)：572 – 590.

［210］ALLAIRE – LEUNG S E, GUPTA S C, MONCRIEF J R. Water and solute movement in soil as influenced by macropore characteristics［J］. Macropore tortuosity Journal of Contaminant Hydrology, 2000, 41 (3 – 4)：303 – 315.

［211］ANDERSON A N, MCBRATNEY A B. Soil aggregates as mass fractals［J］. Journal of Soil Research, 1995, 33：757 – 772.

［212］ANDREASSIAN V. Waters and forests：from historical controversy to scientific debate［J］. Jouranl of Hydrology, 2004, 291：1 – 27.

［213］ANDRÉS I, ANTON HUBER, KURT SCHULZ. Summer flows in experimental catchments with different forest covers［J］. Journal of Hydrology, 2005, 300 (1)：300 – 313.

［214］BAJRACHARYA R M, LAL R. Seasonal Soil Loss and Erodibility Variation on a Miamian Silt Loam Soil［J］. Soil Science Society of American Journal, 1992, 56：1560 – 1565.

［215］BOSCH J M, HEWLETT J D. A review of catchment experiments to determine the effect of vegetation changes on water yield and evapotranspiration［J］. Journal of Hydrology, 1982, 55：3 – 23.

［216］BROOKS R H, COREY A T. Hydraulic properties of porous media［D］. Colorado States University Hydrol Paper, 1964, (3)：27.

［217］BRUIJNZEEL L A. Hydrological functions of tropical forests：not seeing the soils for the trees［J］. Agriculture Ecosystems and Environment, 2004, 104,

185 – 228.

［218］ BUTTLE J M, CREED I F, POMEROY J W. Advances in Canadian forest hydrology ［J］. Hydrological Processes, 2000, 14 (9): 1551 – 1578.

［219］ CALDER I R. Dependence of rainfall interception on drop size I. Development of the two – layer stochastic model ［J］. Journal of Hydrology, 1996, 185: 363 – 378.

［220］ CAMPBELL G S. A simple method for determining unsaturated hydraulic conductivity from moisture retention data ［J］. Soil Science, 1974, 117: 311 – 314.

［221］ CARDNER W R. Field measurement of soil water diffusivity ［J］. Soil Science Society of America Journal, 1970, 34: 832 – 833.

［222］ CHEN X L, AN S Q, LI Y, et al. The individual distribution patterns and soil elements heterogeneity during the degradation of grassland in Ordos ［J］. Acta Phytoecologica Sinica, 2003, 27 (4): 503 – 509.

［223］ CROEKFORD R H, RICHARDSON D P, SAGEMAN R. Chemistry of rainfall throughfall and stemflow in a eucalypt forest and a pine plantation in south – eastern Australia ［J］. Hydrological Processes, 1996, 10 (1): 1 – 42.

［224］ CROEKFORD R H, RICHARDSON D P. Partitioning of rainfall into throughfall stemflow and interception: effect of forest type ground cover and climate ［J］. Hydrological Proeesses, 2000, 14: 2903 – 2920.

［225］ CRUSE R M, LARSON W E. Effect of Soil Shear Strength on Soil Detachment due to Raindrop Impact ［J］. Soil Sc. Soc. Am. J, 1977, 41: 777 – 781.

［226］ DENG J L. Control problem of grey systems ［J］. System & Control Letters. 1982, 1 (5): 288 – 294.

［227］ DE – WALLE D R. Forest hydrology revisited ［J］. Hydrological Processes, 2003, 17 (6): 1255 – 1256.

［228］ EVANS J R. Sensitivity analysis in decision theory ［J］. Decision Sciences, 1984, 15: 239 – 247.

［229］ FISHBURN P C. Analysis of decisions with incomplete knowledge of probabilities [J] . Operations Research, 1965, 13: 217 – 237.

[230] FISHER R F, BINKLET D. Ecology and Management of Forest Soils (3rd ed) [M] . New York: John Wiley and Sons, 2000, 282 – 284.

[231] GASH J H C, WRIGHT I R, LLOYD C R. Comparative estimates of intercepting loss from three coniferous forests in Great Britain [J] . Journal of Hydrology, 1980, 48: 89 – 105.

[232] HELALIA A M. The relation between soil infiltration and effective porosity in different soils [J] . Agricultural Water Management, 1993, 24 (8): 39 – 47.

[233] HILLEL D. Environmental Soil Physics [M] . New York: Academic Press. 1998.

[234] IROUME A, HUBER A, SCHULZ K. Summer flows in experimental catchments with different forest covers [J] . Journal of Hydrology, 2005, 300 (1): 300 – 313.

[235] JONGMAN R H G, TER BRAAK C J F, VAN TONGEREN O F R. Data Analysis in Community and Landscape Ecology [M] . Wageningen: Pudoc, 2002.

[236] KOK H, MCCOOL D K. Quantifying Freeze/Thaw – in – duced Variability of Soil Strength [J] . Trans. ASCE, 1990, 33: 501 – 511.

[237] LAFLEN J M, LANE L J, FOSTER G R. WEPP a new generation of erosion prediction technology [J] . Journal of Soil and Water Conservation, 1991, 46 (1): 34 – 38.

[238] MASUDA T. Hierarchical sensitivity analysis of the priorities used in analytic hierarchy process [J] . Systems Science, 1990, 21 (2): 415 – 427.

[239] PABLO L P, VERNIEA G, PASTUR G M. Above and below ground nutrients storage and biomass accumulation in marginal Nothofagus antarctica forests in Southern Patagonia [J] . Forest Ecology and Management, 2008, 255 (7): 2502 – 2511.

[240] PEARCE A J, STEWART M K, SKLASH M G. Storm runoff generation in humid headwater catchments. Where does the water come from [J] . Water Resources Research, 1986, 22: 1263 – 1272.

［241］ PEARCE A J. Streamflow generation processes: and Australian view ［J］. Water Resources Research, 1990, 26: 3037 - 3047.

［242］ PHILIP J R. Hillslope infiltration divergent and convergent slopes ［J］. Water Resources Research, 1991, 27: 1035 - 1040.

［243］ RIPLEY B D. Modelling spatial pattern ［J］. Journal of the Roy al statistical Society, Series B, 1977, 39: 17 - 212.

［244］ RUTTER A J, KERSHAW K A, ROBINS P C, et al. Predictive model of rainfall interception in forests, 1. Derivation of the model from observation in a plantation of Corsican pine ［J］. Agriculture and Meteorology, 1971, 9: 367 - 384.

［245］ RUTTER A J, MORTON D J, ROBINS P C. A predictive model of rainfall interception by forests II : Generalisations of the model and comparisons with observations in some coniferous and hardwood stands ［J］. Journal of Applied Ecology, 1975, 12: 367 - 380.

［246］ SAATY T L. A scaling method for priorities in hierarchical structures ［J］. Journal of mathematical psychology, 1977, 15 (3): 234 - 281.

［247］ SCOGING H M, THORNES J B. Infiltration Characteristics in a Semi-arid Environment ［M］. Wallingford: IAHS Publication. 1982, 159 - 168.

［248］ SHARMA S K, SASTRY G. Impact of various land uses on the infiltration in Doon Valley ［J］. Indian Journal of Soil Conservation, 1998, 26 (1): 17 - 18.

［249］ SINCLAIR F L. Special issue on the control of soil erosion and fertility on sloping land ［J］. Agroforestry Forum (United Kingdom), 1997, (8): 4 - 36.

［250］ SKLASH M G, STEWART M K, PEARCE A J. Storm runoff generation in humid headwater catchments: A case study of hillslope and low - order stream response ［J］. Water Resources Research, 1986, 22: 1273 - 1282.

［251］ SWAIFY S A. Physical and Mechanical Properties of Oxisol Soil with Variable Charge ［M］. New Zealand: Society of Soil Science, 1980, 17 (2): 303 - 322.

［252］TANAKA T, YASUHARA M, SAKAI H, et al. 1988, The Hachioji experimental basin study – storm runoff processes and the mechanism of its generation ［J］. Journal of Hydrology, 102: 139 – 164.

［253］TER BRAAK C J F, SMILAUER P. CANOCO Reference Manualand CanoDraw for Windows User's Guide: Software for Canonical Community Ordination (version 4. 5) ［M］. Ithaca, NYUSA: Microcomputer Power, 2002: 500.

［254］TER BRAAK C J F. Correspondence Analysis of Incidence and Abundance Data: Properties in Terms of a Unimodal Response Modal ［J］. Biometrics, 1985, 41: 859 – 873.

［255］TER BRAAK C J F. Canonical correspondence analysis and related multivariate methods in aquatic ecology ［J］. Aqua. Sci. , 1995, 55: 255 – 289.

［256］VAN GENUCHTEN M T. A closed form equation for predicting the hydraulic conductivity of unsaturated soils ［J］. Soil Science Society of America Journal, 1980, 44: 892 – 898.

［257］VISSER W C. An empirical expression for the desorption curve ［J］. Proceedings of the wageningen symposium, 1996, 1: 19 – 25.

［258］WANG G T, CHEN S, JAN BOLL, et al. Modeling overland flow based on Saint – Venant equations for a diseredited hill slope system ［J］. Hydrological Processes, 2002, 16: 2409 – 2421.

［259］WARDLE D A, BARDGETT R D, KLIRONOMOS J N, et al. 2004. Ecological linkages between aboveground and belowground biota ［J］. Science, 304: 1629 – 1633.

［260］WILSON G V, LUXMOORE R J. Infiltration, macroporosity and mesoporosity distribution on two forested watersheds ［J］. Soil Science Society of America Journal, 1988, 52: 329 – 335.

［261］WOOD E F, LETTENMAIER D P, ZATARIAN V G. A land – surface hydrology parametersiation with sub – grid variability for general circulation models ［J］. Journal of Geophysical Research, 1992, 97 (D3): 2717 – 2728.

[262] WOOD E F, SIVAPALAN M, BEVEN K J. Similarity and scale in catchment storm response [J]. Reviews in Geophysics, 1990, 28: 1 – 18.

[263] WOSTEN J H M, PACHEPSKY Y A, RAWLS W J. Pedotransfer functions: bridging the gap between available basic soil data and missing soil hydraulic characteristics [J]. Journal of Hydrology, 2001, 25 (1): 123 – 150.

[264] YOUNG I M, CRWAFORD J W. The fractal structure of soil aggregates: Its measurement and interpretation [J]. Soil Sci, 1991, 42: 187 – 192.

[265] ZAK D R, HOLMES W E, WHITE D C, et al. Plant diversity, soil microbial communities, and ecosystem function: are there any links [J]. Ecology, 2003, 84: 2042 – 2050.

[266] ZANGVIL A. Six years of dew observations in the Negev Desert, Israel [J]. Journal of Arid Environments, 1996, 32 (4): 361 – 371.